Suma V
Sangita Gupta

Discretização de atributos por entropia

Suma V
Sangita Gupta

Discretização de atributos por entropia

ScienciaScripts

Imprint

Cover image: www.ingimage.com

This book is a translation from the original published under ISBN 978-620-2-05615-1.

Publisher:
Sciencia Scripts
is a trademark of
Dodo Books Indian Ocean Ltd. and OmniScriptum S.R.L publishing group

120 High Road, East Finchley, London, N2 9ED, United Kingdom
Str. Armeneasca 28/1, office 1, Chisinau MD-2012, Republic of Moldova, Europe
Printed at: see last page
ISBN: 978-620-8-03749-9

Índice:

Discriminação de atributos usando entropia para análise de desempenho de pessoal de projeto

Dr. Sangita Gupta
Dr. Suma V.

RESUMO

No cenário atual, as indústrias de TI têm de lutar eficazmente em termos de custos, qualidade, serviço ou inovação para a sua subsistência no mercado global. Devido à rápida transformação da tecnologia, as indústrias de software têm de gerir um grande conjunto de dados com informações preciosas escondidas. A técnica de extração de dados permite lidar eficazmente com esta informação oculta, podendo ser aplicada à otimização do código, à previsão de falhas e a outros domínios que modulam a natureza do sucesso dos projectos de software. Além disso, a eficiência do produto desenvolvido depende ainda da qualidade do pessoal do projeto. A posição do estudo é, portanto, explorar as potencialidades do pessoal do projeto em termos das suas competências e capacidades e a sua influência na qualidade do projeto. O objetivo acima mencionado é alcançado utilizando a entropia para a seleção dos melhores atributos. O conhecimento oculto e valioso descoberto nas bases de dados relacionadas servirá de base ao sistema de apoio à decisão para a formulação de regras relacionadas com o trabalhador.

A prospeção de dados tem por objetivo descobrir padrões ocultos e extrair conhecimentos de grandes bases de dados que se encontram inactivos, mas com potencial para fornecer informações que permitam melhorar a tomada de decisões. As técnicas de extração de dados ajudam a melhorar a tomada de decisões utilizando factos e não apenas a intuição. Os métodos de aprendizagem automática, estatísticos e de extração de dados estão a ganhar popularidade nos últimos anos. Os conhecimentos obtidos permitem uma melhor compreensão dos dados e podem melhorar o cenário empresarial.

***Palavras-chave*: Aspeto humano da engenharia de software, extração de dados, entropia**

CAPÍTULO 1

INTRODUÇÃO

1.1 Visão geral

O software é um conjunto de programas escritos numa linguagem de programação que executa uma tarefa específica e designada (Somerville 2010). O software de computador acabou por ser inventado na década de 1940. Os computadores precisavam de um programa que os instruísse a realizar uma tarefa específica. Para o efeito, foi desenvolvida a linguagem de montagem, que consiste em pequenas instruções escritas em códigos. Em 1950, foi desenvolvida uma linguagem de programação de alto nível que consiste em frases semelhantes às do inglês, denominada FORTRAN. FORTRAN significa Formula Translation (tradução de fórmulas) e permite efetuar cálculos científicos. A década de 1960 assistiu ao desenvolvimento de outras linguagens de programação, como COBOL, Algol e PL/1. Juntamente com estas, surgiram sistemas operativos para operar os computadores, como o DOS e o VMS. Durante o desenvolvimento deste software, foi reconhecida a necessidade de um método correto para o desenvolvimento de software. A primeira conferência sobre engenharia de software teve lugar em 1969. Com o aparecimento de uma nova corrente científica designada por engenharia de software, surgiu muito mais software relacionado com bases de dados, linguagens de programação estruturadas e sistemas operativos.

A engenharia de software é a aplicação prática de conhecimentos científicos na conceção e construção de programas de computador e da documentação associada necessária para os desenvolver, operar e manter (Boehm, 1981).

A questão é: porque é que a engenharia de software é necessária? Porque o software estava a tornar-se cada vez mais complexo e grande e era procurado em todos os domínios da ciência e da engenharia. Verificou-se que os projectos de software necessitavam de um método adequado para lidar com a estimativa do tempo, dos esforços e dos custos. Por conseguinte, era necessária uma abordagem sistemática para o desenvolvimento de software. A engenharia de software era o ramo da ciência que se ocupava da especificação do modo de tratamento do software em cada fase. As fases básicas identificadas inicialmente eram a análise, a conceção, a implementação e o teste/manutenção (Pressman, R.S. 2005). Poucas
modelos como o modelo em cascata, que sugeria a conclusão de cada fase e a passagem à fase seguinte, foram muito populares durante muitos anos. No entanto, na prática, não foi muito bem sucedido. Os profissionais criaram o modelo em espiral, em que cada fase era repetida várias vezes. Por exemplo, durante a conceção, era necessário voltar à análise, verificar novamente os requisitos e fazer alterações na conceção. Do mesmo modo, durante a implementação, a abordagem iterativa de voltar à análise dos requisitos e à fase de conceção assegurava que a implementação seguia na direção certa. A engenharia de software sofreu muitas alterações. Anteriormente, era dada pouca atenção aos testes e, nos últimos anos, estes tornaram-se a fase mais importante. Com a expansão da indústria do software devido à tecnologia da Internet, surgiu um novo domínio denominado gestão de projectos de software. O software passou a ser visto mais como um projeto e necessitava de ser gerido juntamente com a engenharia (Hughes Bob 2002).

A gestão de projectos de software é a mistura intrigante da componente técnica e humana. A gestão de projectos de software é uma mistura intrigante entre a componente técnica e a componente humana, que se orienta mais para "como" o projeto deve ser realizado do que para "o quê" (Rose, 2005). A gestão de projectos de software trata do planeamento e da condução de projectos de software. Pode dizer-se que, enquanto a engenharia de software é a ciência do planeamento e da execução dos projectos de software, a gestão de projectos de software é a arte de monitorizar e controlar o projeto de software.

No cenário atual, as empresas de software estão a trabalhar no sentido de criar software de qualidade, inovador e de fácil utilização para a sua subsistência no mercado global. O desenvolvimento de projectos de software já não é uma atividade isolada, mas tem impacto nos objectivos comerciais da organização. A principal caraterística de um projeto de software é que se trata de uma tarefa destinada a criar um produto ou serviço único. A gestão de projectos de software consiste em preparar as necessidades da empresa, identificar e documentar o projeto, selecionar o gestor do projeto e os membros da equipa e recolher informações sobre projectos anteriores relacionados (Hughes 2004). Além disso, as empresas aperceberam-se de que é importante analisar todos os aspectos da gestão de projectos de software e que esta deve começar pela contratação da equipa com as capacidades adequadas (Schwalbe 2007).

Verificou-se recentemente que o aspeto humano da engenharia de software, quer se trate de questões de gestão, de constituição de equipas de projeto ou de qualidades individuais do pessoal do projeto, contribui em grande medida para o desenvolvimento de software de qualidade (Cockburn 2003). A qualidade pode ser alcançada concentrando-se na qualidade do processo e na qualidade das pessoas. São as pessoas que conduzem o processo e, por conseguinte, a qualidade do processo de desenvolvimento de software é controlada pelo nível de qualidade das pessoas (B. Boehm, 2007). Por conseguinte, é importante realizar as actividades de desenvolvimento de software com uma equipa constituída por pessoal qualificado para o projeto.

A posição do estudo é, portanto, explorar as potencialidades do pessoal do projeto em termos das suas aptidões e competências e a sua influência na qualidade do projeto. O objetivo acima mencionado é alcançado utilizando classificadores, a fim de captar o padrão do desempenho humano. O método de classificação foi escolhido para o trabalho de investigação por ser descritivo e preditivo. A classificação, por exemplo, permite determinar se o desempenho do pessoal do projeto é bom, médio ou mau com base nos valores dos atributos de entrada. Para além disso, a classificação fornece uma descrição clara dos resultados sob a forma de regras. A discretização utilizando a entropia dá a importância do atributo por ordem hierárquica. Estes resultados são facilmente compreensíveis e podem ser convertidos em estratégias de gestão. O conhecimento oculto descoberto nas bases de dados relacionadas através da classificação será de grande ajuda para a formulação de regras e decisões relacionadas com a seleção, retenção e desenvolvimento dos trabalhadores.

A prospeção de dados tem por objetivo descobrir padrões ocultos e extrair conhecimentos de grandes bases de dados que se encontram inactivos, mas com potencial para fornecer informações que permitam melhorar a tomada de decisões. As técnicas de extração de dados ajudam a melhorar a tomada de decisões através da utilização de factos (F. Provost et al. 2001). Os métodos de aprendizagem automática, estatísticos e de extração de dados estão a ganhar popularidade nos últimos anos. As informações obtidas tornam os dados compreensíveis e podem melhorar muitos aspectos comerciais.

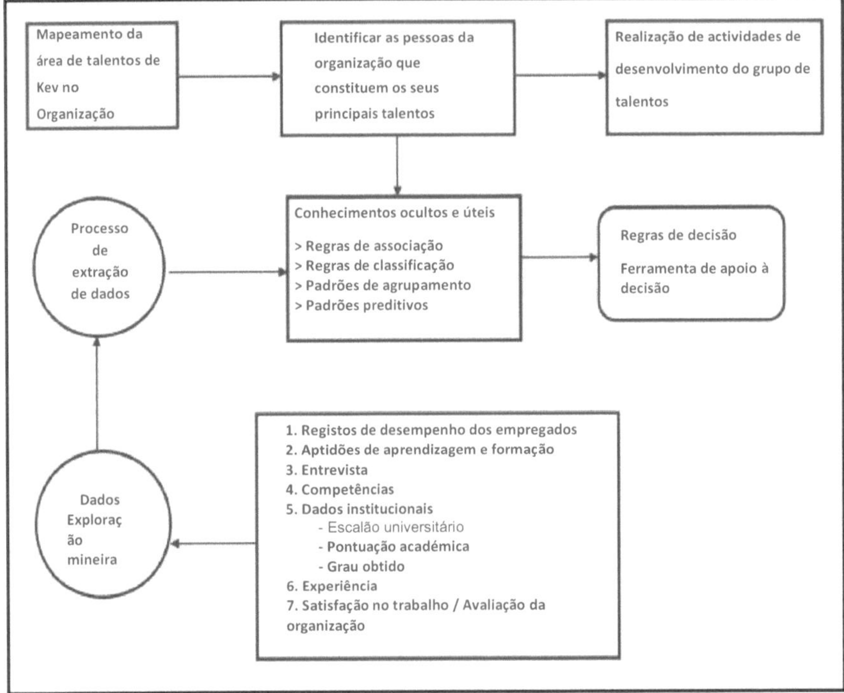

Figura 1.1: Processo de extração de dados

A figura 1.1 mostra as etapas da extração de dados. A base de dados em causa é pré-processada de acordo com os modelos de extração de dados a aplicar. Os dados são transformados num formato legível pelos modelos. Após a aplicação do modelo, este produz resultados que revelam informações interessantes sobre os dados (Liao, S. H. 2003).

Para o processo de extração de dados, são utilizados vários algoritmos e técnicas, como a agregação, a classificação, a regressão, a inteligência artificial, as redes neuronais, as regras de associação, etc. As técnicas e os métodos utilizados neste estudo são brevemente mencionados para uma melhor compreensão.

A classificação é a técnica de extração de dados mais comummente aplicada, que utiliza um conjunto de exemplos pré-classificados para desenvolver um modelo que pode classificar a população de registos em geral. Por conseguinte, é também designada por aprendizagem supervisionada. Esta abordagem utiliza algoritmos de classificação baseados em árvores de decisão ou redes neuronais. O algoritmo de formação do classificador utiliza estes exemplos pré-classificados para determinar o conjunto de parâmetros necessários para uma discriminação correta. O algoritmo codifica então estes parâmetros num modelo chamado classificador. Os autores utilizarão a árvore de decisão para o seu trabalho de investigação. A árvore de decisão começa com um nó de raiz no qual os utilizadores tomam medidas. A partir deste nó, a divisão é efectuada recursivamente de acordo com o algoritmo de aprendizagem da árvore de decisão, que se baseia principalmente na entropia ou no índice. O resultado final é uma árvore de decisão em que cada ramo representa um cenário possível de decisão e o seu resultado. As árvores de decisão são estruturas em forma de árvore que representam conjuntos de decisões. Estas decisões geram regras para a classificação de um conjunto de dados. Os métodos específicos de árvores de decisão incluem C4.5, ID3 (Iterative Dichotomise 3), Classification and Regression Trees (CART) e Chi Square Automatic Interaction Detection (CHAID).

Por conseguinte, este estudo tem basicamente três fases. Centrar-se nos atributos das capacidades humanas que melhoram o desempenho, utilizar técnicas de extração de dados para revelar os padrões desejados e, assim, utilizar os resultados para definir estratégias de gestão.

1.1.1 Gestão e engenharia de projectos de software

Nos últimos anos, o software tornou-se parte integrante das nossas vidas. A contribuição e a disseminação do software na sociedade é ampla e variada. A partir da década de 1970, a indústria do software registou um enorme crescimento. A engenharia de software surgiu como uma nova corrente da ciência, que é uma disciplina sistemática para o desenvolvimento de software. A gestão de projectos de software é a arte de planear, implementar, monitorizar e controlar projectos de software. A gestão de projectos é a aplicação de conhecimentos, competências e experiência para satisfazer as necessidades dos clientes (Lock, Dennis, 2007). A Gestão de Projectos de

Software também tem a ver com o planeamento, a direção, a organização, o controlo, o pessoal e a execução do projeto. A gestão de projectos envolve o planeamento, a monitorização e o controlo do âmbito, do tempo, do custo, da qualidade, dos recursos humanos e dos riscos do projeto.

O ciclo de vida do desenvolvimento de software consiste basicamente nas seguintes fases:

- Etapa 1 : Análise
- Etapa 2 : Definição de requisitos e planeamento
- Fase3 : Conceção
- Fase 4 : Implementação ou desenvolvimento do software
- Etapa 5 : Testar o produto
- Etapa 6: Lançamento e manutenção

Existem muitos modelos de ciclo de vida de desenvolvimento de software que seguem estas etapas de diferentes formas. Mencionando aqui alguns, o modelo em cascata tem todas as fases em cascata, em que o progresso é visto como um fluxo constante para baixo. A fase seguinte só é iniciada depois de os conjuntos de objectivos definidos para a fase anterior terem sido alcançados.

No modelo iterativo, as fases são sobrepostas ou iteradas entre si. Desta forma, é possível melhorar os requisitos durante a conceção e a aplicação. O modelo em espiral desenvolvido por Boehm foi muito bem sucedido. Trata-se de um modelo de desenvolvimento de software orientado para o risco. Tem em conta os vários riscos envolvidos nos projectos e adopta elementos do modelo incremental ou iterativo. (Boehm et. al. 2014) afirmaram que a competência humana é o maior risco do projeto e que as pessoas altamente capazes contribuem largamente para o êxito do projeto.

A componente humana tornou-se um fator vital na gestão de projectos, uma vez que é o ser humano que transforma o processo em produto e é a sua mente que dá forma ao produto concebido (Lipke et al. 1992).

Nos últimos anos, tem-se registado uma revolução no domínio da engenharia de software. A engenharia de software trata de todas as fases, desde a análise dos requisitos até aos testes e, posteriormente, à manutenção do software. Descreve todas as metodologias para produzir software de qualidade dentro dos limites de tempo e custo. No entanto, continua a verificar-se que o software falha. O fracasso pode dever-se ao facto de a qualidade pretendida, de acordo com as expectativas das partes interessadas, não ser alcançada. O fracasso também pode ser devido ao facto de se ultrapassarem os limites de tempo e de custo. Foram analisadas muitas razões para o fracasso do software. Algumas razões foram enumeradas a seguir (Charette R. N. 2005).

- Estimativas inexactas dos recursos necessários
- Análise incorrecta dos requisitos do sistema
- Má informação sobre o estado do projeto por parte dos promotores
- Pessoas não qualificadas e não geridas
- Comunicação deficiente entre clientes, programadores e utilizadores
- Utilização de tecnologias imaturas
- Práticas e processos de desenvolvimento desleixados
- Má gestão dos projectos
- Política das partes interessadas

Segundo Basili et al. (1983), a maioria das razões estava associada a aspectos humanos. Quer se trate de pessoal de gestão, de equipa ou de projeto individual. Os investigadores começaram a observar que os processos e as metodologias eram altamente desenvolvidos para auxiliar o processo de desenvolvimento de software. No entanto, a componente humana era deixada exclusivamente ao departamento de recursos humanos. Não foi dada muita atenção aos membros da equipa de projeto que trabalhariam no processo, quer se tratasse de seleção, desenvolvimento ou manutenção.

Tradicionalmente, no desenvolvimento de software, tem sido dada mais atenção aos aspectos técnicos e processuais da qualidade e da produtividade do software. No entanto, trata-se de uma atividade como o desenvolvimento de software, tão intensiva do espírito humano e, por conseguinte, altamente dependente do desempenho do pessoal do projeto (Amit Mishra et. al. 2010).

As empresas estão a aperceber-se de que a mão de obra é considerada como o fator mais importante para o desenvolvimento do produto de software (Burnett Rachel, 2003). Além disso, os profissionais e os investigadores descobriram que o fator de sucesso pode ser multiplicado muitas vezes com pessoas corretas a trabalhar nele (De Marco et al. 1999).

A Figura 1.2 apresenta os vários níveis numa visão geral do desenvolvimento de software. As pessoas são o fator central e a causa principal do êxito ou do fracasso do software.

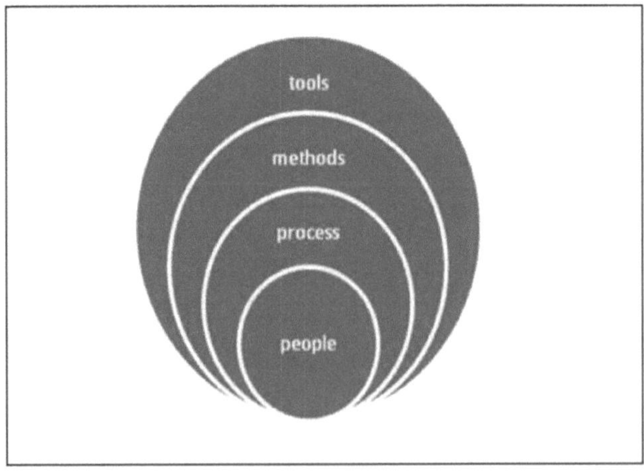

Figura 1.2: Elementos do desenvolvimento de software

A figura 1.2 mostra que o desenvolvimento de software tem quatro elementos básicos: pessoas, processos, métodos e ferramentas. São as pessoas que estão no centro do processo e dos métodos e que utilizam as ferramentas. São as pessoas que constituem a matéria-prima central de qualquer indústria de software e que desempenham um papel vital na conceção do software (Hughes et al., 2006).

1.1.1 HASE-Aspeto humano da engenharia de software

O aspeto humano da engenharia de software, quer se trate do aspeto da gestão, do pessoal do projeto ou da equipa, tornou-se uma das principais preocupações das empresas de software para atingir os objectivos de qualidade. A qualidade do software depende da qualidade das pessoas e dos processos durante o desenvolvimento.

Verificou-se que a maior parte dos fracassos de software não são tecnológicos, mas sim devidos à ineficiência das pessoas que nele trabalham. Brooks afirmou, em reuniões da sociedade de informática, que uma equipa pequena e afiada de bons programadores garante o sucesso, em vez de uma equipa grande de programadores medíocres. Ao medir o desempenho, os resultados foram os seguintes

surpreendente. Profissionais como Brooks (2004) descobriram que as medições de desempenho efectuadas em programadores mostraram que os bons programadores eram pelo menos dez vezes melhores do que os médios ou pobres. Além disso, a sua velocidade era cinco vezes superior. Por conseguinte, os bons programadores não só produziam trabalho de qualidade, como também o faziam dentro dos limites de tempo. Brooks indicou a importância de uma boa equipa de programação durante o desenvolvimento do OS/360 para a IBM. Os gestores sugeriam aumentar a dimensão da equipa quando viam que o projeto não ia ser concluído a tempo. Brooks analisou toda a situação e concluiu que é melhor manter 25 bons programadores em vez de 175 forças brutas. Brooks (1995) escreveu a sua análise enquanto gestor de projectos na

IBM no seu livro Mythical Man Month em 1995. As conclusões da sua experiência como gestor de projectos foram que uma equipa pequena e afiada, constituída por bons programadores, garante o sucesso do projeto. Este livro continua a ser popular passados tantos anos. É importante que as empresas de software aprendam lições de projectos anteriores para evitar falhas e manter a qualidade.

Para atingir o objetivo acima referido, surgem várias questões. Estas questões incluem

- Como definir "engenheiro de software".
- Quais são as caraterísticas associadas a um bom e bem sucedido engenheiro de software?
- Ou é uma pessoa com muita experiência?
- Ou é uma pessoa que era academicamente muito forte?

Estes são alguns dos principais factores em que a direção pensa ao considerar um candidato para o projeto. O aspeto humano é difícil de compreender, uma vez que cada ser humano é diferente. Além disso, os seres humanos têm atributos técnicos e não técnicos que influenciam o seu desempenho. Este estudo concentra-se em alguns aspectos técnicos dos indivíduos

sem discriminação social, económica e de género. Atributos como vários factores de competências, tais como competências de raciocínio, competências de domínio, competências de programação, eficiência de tempo, experiência, nível universitário, nível de educação, notas académicas e cultura de trabalho da empresa são considerados para análise quantitativa (Sangita et al. 2016).

Wohlwend et al. (1993) afirmaram que os atributos do pessoal, como as competências, as qualificações e a aptidão, oferecem a maior margem de manobra para melhorar o desenvolvimento de software e aumentar a qualidade. A questão crucial é saber como avaliar o desempenho humano e qual a metodologia a seguir para chegar a conclusões.

As empresas precisam de mudar os critérios que são geralmente seguidos com base em suposições ou intuição e também deixados ao departamento de gestão de recursos humanos. Os recursos humanos seguem geralmente o mesmo padrão de seleção para um projeto. Observou-se que a maioria das empresas se concentra sobretudo na experiência e nos bons resultados académicos. Esta política tem-se mantido durante anos. Esta abordagem convencional e estática é o maior obstáculo para o sucesso do projeto e para produtos de alta qualidade. Todo o processo de seleção, colocação e recrutamento necessita de atenção. A seleção dos membros da equipa deve ser feita com a máxima importância e o envolvimento dos gestores de projectos e do departamento de recursos humanos é obrigatório (Robertson et al. 2001).

Este estudo tem como objetivo analisar o desempenho do pessoal de projeto na indústria de software através da recolha de dados junto do pessoal de projeto, do chefe de projeto e do departamento de recursos humanos.

Foi realizado um estudo empírico numa empresa de software para conhecer os seus critérios de contratação de membros de projeto. Os resultados demonstraram que a maioria das empresas não segue qualquer método computacional para o efeito.

Profissionais como Allen et al. (2009) começaram a considerar o aspeto humano igualmente importante na tríade produto, processo e pessoas.

Thomas et al. (2008) afirmaram que o aspeto humano se tornou a principal preocupação da maioria das empresas, especialmente das empresas de software, uma vez que as empresas se aperceberam de que o software é um produto totalmente orientado para as pessoas. Recentemente, tem havido um interesse crescente na área da prospeção de dados, em que o objetivo é a descoberta de conhecimentos corretos e de grande utilidade para a gestão. Neste estudo, através de técnicas de extração de dados, são extraídos factores de capacidade do trabalhador. A capacidade e a cultura de trabalho da empresa são estudadas em profundidade e é explorada a sua associação com o êxito do projeto e, consequentemente, com o crescimento da empresa.

O desempenho está associado a determinados atributos e critérios. É necessário identificar os critérios que distinguem o bom e o mau desempenho e utilizar métodos de extração de dados para o fazer. A informação relacionada com o lado humano de um projeto de software está, na maior parte das vezes, escondida e não é clara, pelo que deve ser processada, extraída e analisada. Este estudo afirma a importância do fator humano para a qualidade do software. Neste estudo, afirmamos que é necessário adotar uma abordagem quantitativa para analisar os aspectos humanos do desenvolvimento de software. Este estudo desenvolveu uma abordagem para investigar o aspeto humano que contribui largamente para aumentar o sucesso do software e, consequentemente, aumentar as taxas de rotatividade de uma empresa.

Este estudo tem como objetivo desenvolver um quadro que utilize métodos de extração de dados e, principalmente, de classificação para distinguir e extrair os atributos do pessoal do projeto que se enquadram corretamente no projeto e melhoram a qualidade do software.

A análise do desempenho dos trabalhadores e do seu impacto na qualidade e, por conseguinte, nos objectivos da empresa é o ponto-chave do estudo. Este estudo deriva um modelo que integra a capacidade humana com a cultura de trabalho para melhorar a qualidade do software e permite aos gestores de projectos reduzir as falhas. Diferentes empresas seguem diferentes estratégias para obter um bom conjunto de talentos.

Tabela 1.1: Dados da empresa

Empresa	Remuneração média (Rs por mês)		experiência mediana (anos)		JS(% do trabalhador)		Volume de negócios
	PGR	GR	Programador	Chefe de projeto	pagar	cultura de trabalho	
A	107000	95000	1.1	4.8	100	100	Elevado
B	85000	69000	0.6	2.6	88	86	Elevado
C	89000	72000	1.6	5.2	94	89	Média
D	91000	71000	5.7	8.5	95	100	Baixa

E	68000	56000	1.3	5.9	94	88	Baixa

JS = Satisfação no Trabalho; PGR = Pós-graduação; GR = Graduação; Os nomes das empresas não são divulgados devido ao acordo de não divulgação

O quadro 1.1 dá uma ideia da experiência, do grau obtido, do salário do trabalhador e da sua associação com as taxas de rotação. Estes dados dão uma ideia aproximada dos factores que contribuem para a rotatividade e o crescimento da empresa. O quadro mostra que a experiência pode não ser o critério para um bom desempenho, contribuindo assim para uma elevada rotatividade da empresa. No entanto, os dados não são muito representativos e podem não fornecer critérios muito exactos, bastando olhar para eles. Não é possível estabelecer critérios exactos apenas com base nos dados. Os dados recolhidos em várias empresas indicam claramente que é necessário analisar os aspectos humanos através de uma boa técnica paramétrica.

1.1.2 Extração de dados

A extração de dados é um domínio promissor para a descoberta de conhecimentos. A extração de dados é o processo de extrair conhecimentos de um conjunto de dados de grande ou pequena dimensão (Han et al. 2006). A classificação é um

É uma técnica muito boa que pode ser aplicada quando os resultados são conhecidos ou como também é chamada de aprendizagem supervisionada. Através da classificação, é possível identificar regras de associação. A categorização utiliza algoritmos de indução de regras para lidar com resultados categóricos, tais como bom, médio e mau, como neste estudo. Existe uma grande variedade de algoritmos disponíveis para este efeito. As principais técnicas utilizadas neste estudo são apresentadas mais adiante.

- Árvores de decisão

As árvores de decisão são habitualmente utilizadas na classificação e na previsão, uma vez que são uma forma simples e poderosa de descobrir conhecimentos. A construção de uma árvore de decisão não requer qualquer definição de parâmetros ou conhecimento do domínio, pelo que é uma técnica muito popular (Liao, S. H. 2003). A árvore de decisão é uma estrutura em que cada nó interno é denotado por um retângulo e representa um teste sobre um atributo. O ramo representa um resultado do teste e cada nó terminal contém a etiqueta da classe. Os nós de folha são representados por ovais. O nó mais elevado é o nó de raiz. A árvore de decisão tem duas fases, ou seja, crescimento e poda. Na primeira fase, a árvore é construída com base em medidas de seleção de atributos. As medidas de seleção de atributos, como a discretização baseada na entropia, são utilizadas para selecionar o atributo que melhor divide os tuplos em classes distintas.

Muitos deles são implementados no Waikato Environment for Knowledge Analysis (Weka). O Weka é uma ferramenta de extração de dados com um conjunto de algoritmos de aprendizagem automática. Possui algoritmos de pré-processamento de dados, visualização, classificação, regressão, agrupamento e regras de associação. A ferramenta Weka é uma ferramenta de aprendizagem automática popular e fácil de manusear, que utiliza os principais algoritmos de extração de dados (Witten I. et al. 2005).

O Weka permite uma óptima visualização da árvore e de outras informações de execução. Esta investigação centrou-se na utilização do pessoal de projeto correto que produz resultados eficazes para uma melhor qualidade do software através de uma técnica de análise preditiva. O objetivo era identificar os factores de capacidade latentes utilizando técnicas de exploração de dados para os projectos e melhorar a qualidade do produto desenvolvido.

Por conseguinte, esta investigação teve como objetivo construir um quadro para explorar as relações entre os perfis do pessoal e o seu efeito no desenvolvimento de software utilizando técnicas de extração de dados. Através da metodologia proposta e dos métodos utilizados, foi possível extrair informação oculta da base de dados do pessoal do projeto e, assim, os chefes de projeto podem compreender e concentrar-se em factores de capacidade importantes do pessoal do projeto para o projeto de software através do conhecimento descoberto.

Os objectivos assim definidos são os seguintes

1.2 Objectivos

O objetivo deste estudo consiste em utilizar uma estrutura de extração de dados para melhorar o processo de desenvolvimento de software através da utilização das pessoas certas.

1.3 Âmbito de aplicação

Este trabalho centra-se na conceção e aplicabilidade de uma estrutura de data mining para prever o desempenho do pessoal de projeto numa empresa de software.

O sector do software abrange um vasto domínio e cada domínio exige um conjunto de competências ou conhecimentos diferentes. Por conseguinte, o seu âmbito foi limitado. A limitação deste estudo reside no facto de ter incidido em projectos de curta duração, de dois a três anos, com o sistema operativo Windows e C/C++ como linguagem de programação para aplicações baseadas na Web. Em segundo lugar, os dados foram recolhidos apenas em empresas de software de Bangalore. Projeto

As informações sobre o pessoal são recolhidas dos projectos que são desenvolvidos num domínio semelhante, utilizando uma tecnologia e uma linguagem de programação comuns

Os dados foram recolhidos de várias fontes, como o departamento de recursos humanos, o chefe de projeto e o pessoal do projeto. Foram utilizados vários modos de recolha de dados, como brainstorming, debates, entrevistas e argumentação. Os chefes de projeto forneceram objectivos e os peritos em recursos humanos sugeriram critérios de seleção.

Assim, foram recolhidos dados que envolvem vários atributos e utilizados para prever a classe de desempenho. Foram recolhidos atributos que envolvem pormenores pessoais, educacionais e relacionados com o trabalho. No entanto, este estudo limitou-se apenas a atributos técnicos e a projectos baseados na Web, que são mais um serviço do que um produto. Estes projectos necessitam de inovações para se manterem no mundo da Web.

1.4 Significado

A eficiência do sistema depende da qualidade da pessoa ou dos membros do projeto. Sem uma boa pessoa, mesmo o melhor sistema está destinado a falhar. Com bons membros do projeto, até os defeitos do projeto podem ser largamente ultrapassados. Assim, este estudo explora o potencial de uma pessoa em termos de capacidade, aptidão, personalidade, inteligência e interesses que influenciam o seu desempenho e, por conseguinte, estão relacionados com a qualidade do projeto.

Este estudo permite compreender o aspeto humano da engenharia de software, especialmente a seleção e o desenvolvimento do pessoal do projeto, bem como a aplicabilidade das técnicas de extração de dados para o conseguir.

Estes resultados serão de grande utilidade tanto para os investigadores como para as empresas, na medida em que permitirão melhorar a qualidade do produto desenvolvido e aumentar a rentabilidade da empresa.

1.5 Resumo

A garantia de qualidade na gestão de projectos passou para o topo da agenda política de muitas empresas. As empresas procuram todas as formas possíveis de garantir a qualidade e o êxito dos projectos. Nos últimos anos, a engenharia de software passou por enormes mudanças. Nos últimos anos, surgiu uma nova dimensão designada por gestão de projectos de software, que trata dos processos, bem como da gestão e da componente humana do software.

A extração de dados de software é uma disciplina emergente, que se preocupa com o desenvolvimento de métodos para explorar os dados únicos da engenharia de software e utilizar técnicas e métodos de extração de dados para compreender melhor os projectos. Através da extração de dados, desenvolvemos novos métodos para descobrir conhecimentos a partir de bases de dados de projectos de software. A falta de conhecimentos profundos e suficientes na gestão de projectos pode impedir os gestores de atingir objectivos de qualidade. A metodologia de extração de dados pode ajudar a colmatar estas lacunas de conhecimentos na gestão de projectos

O trabalho divide-se essencialmente em duas partes - identificação dos atributos técnicos do pessoal do projeto e análise posterior utilizando técnicas de extração de dados.

A primeira parte identifica a importância do aspeto humano da engenharia de software, especialmente os atributos técnicos das pessoas. Salienta o facto de as empresas de software deverem dar igual importância às pessoas e aos processos para a qualidade do software. É crucial manter membros do projeto qualificados, formados, motivados e responsáveis para o sucesso do projeto.

A segunda parte centra-se no enquadramento de uma metodologia subjectiva aos objectivos da investigação. Através de vários métodos de extração de dados, é efectuada uma análise das causas profundas das lacunas de desempenho. As técnicas de extração de dados podem revelar padrões relacionados com o desempenho com base nos atributos técnicos do pessoal do projeto. Além disso, é efectuado um estudo comparativo dos métodos. O trabalho conclui com inferências e sugestões para a formulação de estratégias de gestão relativas à seleção e retenção do pessoal do projeto, que é a entidade principal na utilização do processo e da tecnologia para produzir um produto de software de qualidade.

CAPÍTULO 2

Revisão da literatura sobre Data Mining e Aspectos Humanos da Engenharia de Software

2.1 Introdução

Nos últimos anos, registou-se uma revolução no domínio da engenharia de software. Os profissionais têm trabalhado extensivamente para descobrir o impacto dos vários elementos principais do desenvolvimento de software na qualidade do software. Os profissionais que trabalham em empresas de software depararam-se com projectos que cumpriram os objectivos, os prazos e os orçamentos. No entanto, alguns grandes projectos de programação não o fizeram. Por conseguinte, os chefes de projeto de software começaram a analisar os factores que tornam um projeto bem sucedido ou os factores de risco envolvidos no desenvolvimento de software. Observaram que uma equipa de dois ou três bons programadores podia ser bem sucedida, ao passo que uma grande equipa de vários programadores não. Enquanto procuravam enquadrar o processo e a metodologia, observaram que as pessoas eram o principal elemento envolvido em todos os processos. Boehm et al. (2014) consideraram a qualidade do pessoal do projeto como a influência mais importante nos produtos ao construírem o modelo em espiral para o processo de software. Boehm afirmou que se o desempenho do pessoal do projeto for bom, torna-se um trunfo para a empresa e que se o desempenho do pessoal do projeto for mau, torna-se um grande risco para a empresa. Boehm construiu o modelo COCOMO, ou seja, o Modelo de Custos de Construção, que abordava os principais parâmetros que influenciam o projeto de software, como a documentação do processo, as ferramentas, a tecnologia e as pessoas. Além disso, o autor Hughes, B. (2006), salientou que o desempenho dos profissionais de software é um fator importante que afecta o êxito do software. Embora muitos profissionais tenham dado ênfase a bons programadores, as empresas de software ou negligenciam este importante fator ou têm dificuldade em obter o grupo de talentos adequado. Os chefes de projeto afirmaram que existe uma ligação entre o sucesso do projeto e o aspeto humano e, por conseguinte, esta ligação da engenharia de software, que é na realidade a componente humana, necessita de uma investigação mais aprofundada (Brooks 1987).

A maioria das empresas segue o mesmo padrão de seleção e retenção. Observou-se que as empresas seguem o critério de dar ênfase a certos atributos, como as notas académicas do pessoal do projeto ou a experiência. É possível que assim seja, uma vez que os projectos anteriores assim o exigiam e o padrão foi mantido sem avaliação periódica. As empresas seguem os mesmos critérios há muito tempo. Muitas dessas empresas viram os seus produtos cair em desgraça. O seu portal Web tornou-se impopular e, por isso, o negócio foi afetado. Parecia que, embora tivessem todos os processos documentados, não se concentravam muito no fator humano. As disposições relativas à seleção e à retenção do pessoal do projeto devem ser dinâmicas e baseadas em dados reais e não em suposições, conclusões antigas ou crenças que são formadas com base em dados. Os parâmetros de seleção do pessoal do projeto devem ser processados periodicamente para se obterem critérios precisos. O Data Mining surgiu como uma direção de investigação na última década.

Este capítulo explora o aspeto humano da engenharia de software, as técnicas de extração de dados e o trabalho relacionado em ambos os domínios. A revisão completa da literatura, desde o início da consciencialização da componente humana no desenvolvimento de software, o aparecimento da extração de dados como uma técnica forte para a análise de dados e o trabalho dos investigadores na aplicação da extração de dados no desenvolvimento de software e noutros domínios da ciência e da gestão, são descritos neste capítulo.

2.2 Aspeto humano da Engenharia de Software - O quê, quando, como.

O aspeto humano da engenharia de software tornou-se uma das principais preocupações das empresas de software nos últimos anos. A introdução, a evolução e a perceção dos profissionais da HASE são elaboradas.

2.2.1Introdução ao HASE

A engenharia de software centra-se no desenvolvimento de produtos de alta qualidade através de um processo bem definido (Jalote, P. 2002). O desenvolvimento de software baseia-se num processo iterativo através do qual a estrutura e a funcionalidade do código são melhoradas gradualmente. Durante o desenvolvimento de software, desde a análise dos requisitos e o planeamento até aos testes, os gestores de projeto analisam todos os aspectos para produzir um produto de alta qualidade. O desenvolvimento de software de alta qualidade dentro dos prazos, custos e recursos previstos é uma das principais preocupações de qualquer indústria de software. Para o conseguir, todos os processos são bem definidos e documentados. Também se dá prioridade ao hardware e às ferramentas. Todos os processos são meticulosamente e diligentemente seguidos. No entanto, é o programador que transforma os documentos em conhecimento. São as pessoas que trabalham no projeto que tornam as coisas possíveis. Por conseguinte, a qualidade pode ser concebida em duas dimensões, nomeadamente através da qualidade dos processos e da qualidade das pessoas.

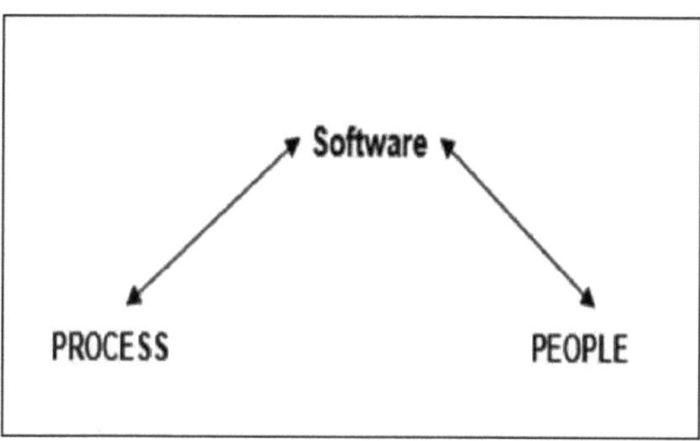

Figura 2.1: Componentes do projeto de software

A figura 2.1 indica que o projeto tem duas componentes importantes às quais deve ser dada igual importância ao longo do desenvolvimento. O projeto pode ser concluído com êxito através de esforços cumulativos de pessoas e da implementação de processos com igual peso (Stephen H. Kan, 2003).

Este estudo visa chamar a atenção da comunidade de software, incluindo a gestão, as equipas de desenvolvimento, as partes interessadas e os agentes de subcontratação, para um aspeto importante da introdução de uma mudança cultural para que a indústria se aperceba e compreenda a conotação do desenvolvimento de software como integração de processos introduzida recentemente, sugerindo a necessidade de medir o nível de qualidade do processo e também de medir a competência das pessoas através de alguns factores especificados para um bom desempenho durante todas as actividades genéricas Society for Quality (ASQ, 2011).

A componente humana, seja ela a motivação ou a energia, a emoção, a criatividade e a negligência ou o erro, decide em grande medida o sucesso ou o fracasso dos projectos de software ou dos produtos de engenharia (Humphrey W S., 2006). Numa altura em que o mundo do software está a expandir-se e a crescer exponencialmente e em que se faz mais investigação no domínio da gestão de projectos de software, a comunidade de engenharia de software aceita que, a par do processo e da tecnologia, as pessoas envolvidas nos processos de desenvolvimento de software merecem mais atenção.

Uma vez que o projeto é entendido como tendo duas componentes importantes que são as pessoas e o processo, é necessário manter a qualidade em ambas as dimensões para um produto de software de qualidade. Se apenas mantivermos os melhores processos e ferramentas e não tivermos bons programadores para os implementar, o projeto não terá certamente a qualidade desejada.

2.2.1 Evolução do aspeto humano da engenharia de software

O início da consciencialização dos aspectos humanos da engenharia de software surgiu no livro de Brooks intitulado "The Mythical Man Month", M-MM (Brook, 2004). No prefácio da edição do 20º aniversário, Brooks escreve que está surpreendido com o facto de The Mythical Man-Month ser popular mesmo após 40 anos. Poucos livros sobre gestão de projectos de software foram tão influentes e intemporais como The Mythical Man-Month. Com uma mistura de factos de engenharia de software e opiniões instigantes, M-MM oferece uma visão para qualquer pessoa que gere projectos complexos. Estes ensaios baseiam-se na sua experiência como gestor de projectos para a família de computadores IBM System/360 e depois para o OS/360, o seu enorme sistema de software. Os gestores de programação há muito que se aperceberam da grande variação de produtividade entre os bons e os maus programadores de software.

Tabela 2.1: Impacto positivo e negativo dos principais elementos durante o desenvolvimento de software.

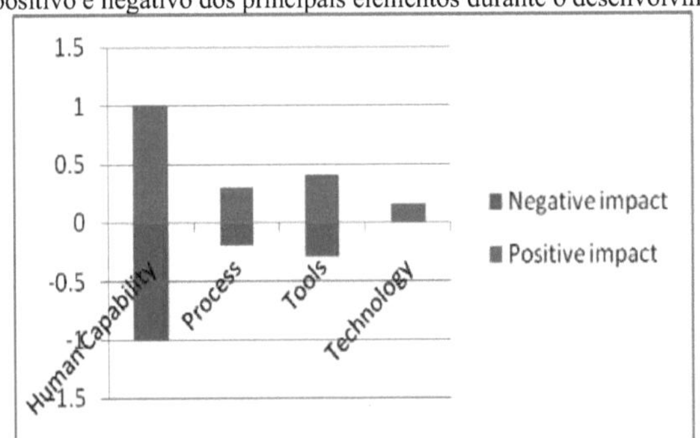

Bob Hughes (2002) referiu na Gestão de Projectos de Software vários factores que afectam o desenvolvimento de software. Como se pode ver no quadro 2.1, a componente humana é a que mais afecta o desenvolvimento. Se a equipa for capaz, o desenvolvimento será afetado positivamente em 100 % e um programador deficiente afectá-lo-á negativamente na mesma proporção. O fator humano tem sido reconhecido como o maior risco numa empresa de software. Além disso, uma equipa competente é o maior trunfo da empresa.

Brooks, um gestor de projectos na IBM, afirmou neste livro M-MM que uma pequena equipa de bons programadores capazes é preferível a uma grande força de membros ineficientes. Esta conclusão foi tirada quando trabalhava no OS/360, Exec 8, Scope 6600, Multics, SAGE,

TSS, etc. (IEEE Standard Glossary of Software Engineering Terminology, IEEE Std 610.12-1990). Brooks (2004) concluiu que é melhor manter uma equipa de apenas 25 membros capazes do projeto do que uma equipa de 125 membros ineficientes.

A menos que as pessoas sejam consideradas como um elemento igualmente importante de apoio à tríade produto-processo-pessoas da engenharia de software, os resultados continuarão a ser inconsistentes e instáveis, na melhor das hipóteses (Townsend, 2007).

No entanto, no que diz respeito à capacidade, a complexidade reside em encontrar os factores que tornam o pessoal do projeto capaz. Ao analisar a componente humana, muitos factores, como os sociais, económicos, as competências, as certificações e os factores técnicos, contribuíram para o fator de capacidade do pessoal do projeto.

Tendo em conta a complexidade dos atributos relacionados com o desempenho, o presente estudo concentra-se apenas no aspeto técnico do pessoal que trabalha em projectos baseados na Web, que são mais um serviço do que um produto e este domínio está a crescer rapidamente.

2.2.2 . Pessoas - Modelo de Maturidade das Capacidades

A questão central é como melhorar o componente humano e, portanto, o processo de desenvolvimento de software. Até à data, os programas de melhoria para organizações de software têm frequentemente enfatizado o processo ou a tecnologia, e não as pessoas.

Muitos profissionais, como Humphrey W.S. (1995), referiram-se ao papel do aspeto humano do software. O aspeto humano pode ser a capacidade individual, a coesão da equipa e um bom chefe de projeto. No que respeita à capacidade individual, Boehm referiu alguns atributos pessoais, como a capacidade analítica, a experiência em aplicações e a experiência em linguagens de programação no modelo COCOMO, que afectam consideravelmente o processo de desenvolvimento de software.

Curtis B. et al. (agosto de 1990) desenvolveram um Modelo de Maturidade das Capacidades das Pessoas que refere algumas áreas, como a capacidade das pessoas, o desempenho profissional, a coesão da equipa e um bom orientador de projeto para o sucesso do software. O Modelo de Maturidade das Capacidades das Pessoas (P-CMM) aborda os factores de capacidade das pessoas que devem ser práticas de referência para melhorar o processo de desenvolvimento de software, aumentando a capacidade dos engenheiros de software. Apresenta um roteiro documentado para a melhoria organizacional, concentrando-se nos aspectos humanos da organização de software.

O P-CMM, ou seja, o Modelo de Maturidade das Capacidades das Pessoas, centra-se principalmente na componente das pessoas. O P-CMM é uma estrutura de maturidade que se centra na melhoria contínua da gestão e desenvolvimento dos activos humanos de uma organização de software ou de sistemas de informação. Fornece orientações sobre como melhorar continuamente a capacidade das organizações de software para recrutar, desenvolver, motivar, organizar e reter o talento necessário para melhorar continuamente a sua capacidade de desenvolvimento de software.

O P-CMM inclui práticas em áreas como o ambiente de trabalho, a comunicação, a contratação de pessoal, a gestão do desempenho, a formação, a remuneração, o desenvolvimento de competências, o desenvolvimento de carreiras e a formação de equipas.

Com a ajuda do Modelo de Maturidade da Capacidade das Pessoas para o Software (P-CMM), muitas organizações de software como a Lockheed Martin Corporation, a Computer Sciences Corporation, a Intel Corporation, a Novo Nordisk A/S, a Tata Consultancy Services, a Infosys e a Wipro Technologies, o Exército dos EUA, a Federal Emergency Management Agency e a Boeing Company introduziram melhorias efectivas no seu desenvolvimento de software (Curtis et al. 2003).

Com a ajuda do Modelo de Maturidade da Capacidade das Pessoas para o software, muitas empresas de software conseguiram criar software sem falhas de forma eficaz. O P-CMM dá ênfase à componente "pessoas", mas é necessário encontrar padrões e utilizar boas técnicas, como a extração de dados, para analisar a componente "pessoas".

Assim, as organizações de software têm de se tornar centros de excelência que recolhem indivíduos talentosos das universidades e de outras fontes e os desenvolvem em equipas de engenharia de software motivadas e produtivas. Aumentar o conhecimento, as competências e o desempenho dos programadores de software deve ser a principal prioridade da empresa.

Por conseguinte, é necessário investigar profundamente e concentrar-se nos atributos relacionados com a capacidade do pessoal que afectam o desempenho no local de trabalho. Assim, o desempenho distingue entre programadores bons, médios e maus com base nos seus factores de capacidade. No entanto, o aspeto humano é complicado, uma vez que tem associados factores técnicos, emocionais, psicológicos, sociais e económicos.

2.2.3 Pessoal do projeto - Entidade importante do aspeto humano da engenharia de software

Verificou-se que o aspeto humano é uma dimensão igualmente importante na tríade do software: projeto, pessoas e processo. É extremamente importante concentrar-se mais no aspeto humano da engenharia de software para o sucesso do software. Os investigadores estão a estudar várias dimensões e também vários métodos para inspecionar as mesmas.

Este estudo centra-se no desempenho do pessoal do projeto com base nos seus atributos de capacidade. Chegou o momento de mudar os critérios que a maior parte das empresas de software seguem, com base em determinados pressupostos ou dados de relance, ou seguindo um método convencional durante muito tempo para selecionar o pessoal do projeto. A abordagem convencional e estática de seleção do pessoal já não contribui para a obtenção de produtos de elevada qualidade.

As empresas precisam de alterar as suas políticas de gestão relacionadas com a seleção e a retenção dos membros da equipa de projeto.

Os repositórios de software contêm uma grande quantidade de informações valiosas sobre projectos de software. Utilizando as informações armazenadas nestes repositórios, as empresas de software dependem mais de dados históricos e de campo do que de suposições e intuições estáticas. Ao processar estes dados, o conjunto de dados torna-se a entrada para um método de extração de dados ou um sistema de aprendizagem automática. Estes métodos são capazes de aprender com o conjunto de dados históricos e prever o resultado de um novo conjunto de dados. A classificação consiste em encontrar a classe de uma entidade com base nos seus atributos ou caraterísticas, pelo que a classificação é simultaneamente descritiva e preditiva. Descreve o padrão atual e constitui a base para a previsão das tendências futuras.

Os atributos técnicos, como as competências de programação, as competências de raciocínio, as competências de conhecimento do domínio, as classificações académicas, a experiência e o nível universitário, têm um impacto e necessitam de uma análise que pode ser obtida através da abordagem de prospeção de dados. Este estudo tem por objetivo desenvolver um quadro que utilize métodos de extração de dados, principalmente a classificação, para distinguir e extrair os atributos do pessoal do projeto que contribuem para um elevado desempenho no projeto e para melhorar a qualidade do software.

2.3 Visão geral da extração de dados

A extração de dados é uma metodologia que também se designa por descoberta de conhecimentos e que permite extrair padrões e associações nos dados. Esta metodologia envolve a utilização de uma combinação de métodos estatísticos, análise numérica e técnicas de aprendizagem automática. (King et al. 1998).

Nos últimos anos, a extração de dados tem atraído muita atenção na indústria da informação, devido ao enorme crescimento das bases de dados e à necessidade iminente de transformar esses dados em informações ou conhecimentos úteis. Tem vastas aplicações, desde sistemas ERP, análise de mercado, análise de fraudes, indústrias de produção ou ciências médicas. Com o enorme progresso da tecnologia de hardware que pode armazenar grandes volumes de dados, surgiu simultaneamente, nas últimas três décadas, um domínio de software para lidar com esses dados. Surgiram muitas metodologias para a extração de conhecimentos de transacções a partir dos dados. Em alternativa, também se designa por descoberta de conhecimentos a partir de dados ou KDD.

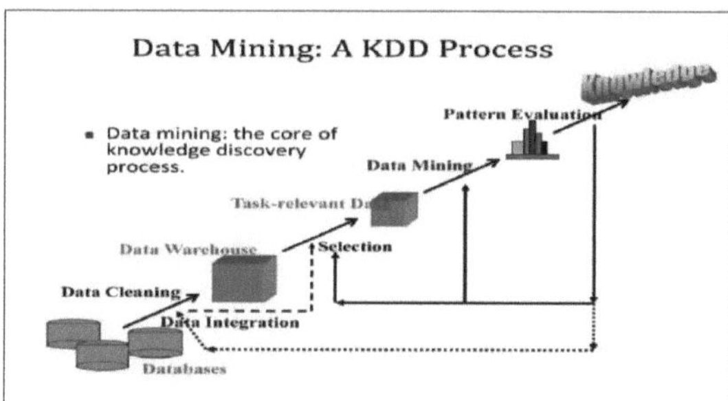

Figura 2.2: O processo de descoberta de conhecimentos

A extração de dados é o processo de análise de dados a partir da utilização de métodos computacionais que são basicamente a integração de vários métodos de análise matemática, estatística e numérica. Tem por objetivo extrair padrões ocultos e resulta na descoberta de conhecimentos. Dá uma perspetiva diferente dos dados e os resultados obtidos podem ser resumidos em informações úteis. Estas informações podem ser utilizadas para aumentar as receitas e a taxa de crescimento da empresa.

A extração de dados é um processo lógico que é utilizado para pesquisar grandes ou pequenas quantidades de dados para encontrar padrões e correlações interessantes. As técnicas de extração de dados permitem encontrar padrões que anteriormente eram desconhecidos.

Esta investigação centra-se assim num problema de classificação em que os algoritmos de classificação são utilizados para prever o desempenho do pessoal de um novo projeto com base nas regras derivadas dos dados históricos de projectos semelhantes (Sangita et al. 2015a).

A extração de dados permite tomar decisões através de métodos paramétricos precisos e não de pressupostos. No âmbito desta investigação, foi realizado um estudo empírico sobre os critérios de seleção para a indústria do software, introduzindo um algoritmo de árvore de decisão baseado no conhecimento. Verificou-se que, embora a maioria das empresas de software desse importância ao desempenho académico, talentos como a capacidade de programação e de raciocínio contribuíam largamente para o desempenho nas empresas de software. Em função de alguns atributos selecionados, como as capacidades de raciocínio, as capacidades de programação, as capacidades de experiência e as capacidades de domínio relacionadas com o empregado, o modelo pode prever o seu desempenho.

Além disso, o trabalho de investigação utilizou a ferramenta Weka para encontrar factores que afectam o desempenho no local de trabalho. Estudaram o impacto das condições de trabalho, juntamente com a posição do trabalhador, no seu desempenho. Utilizaram métodos de extração de dados no ambiente Weka. A ferramenta Weka suporta a maioria dos métodos de extração de dados. Ao aplicar várias técnicas de extração de dados, verificou-se que factores como as competências, o nível universitário, as condições de trabalho e a satisfação com o trabalho afectavam largamente o desempenho do trabalhador (Sangita et al. 2015b). Após a aplicação dos métodos de extração de dados, o resultado é avaliado e interpretado para a tomada de decisões. O conhecimento oculto derivado dos resultados constitui a base para outras decisões da direção. Assim, o sistema inteligente de apoio à decisão pode ser utilizado para prever no futuro o desempenho do trabalhador no projeto. Este estudo fornecerá à gestão conhecimentos úteis para melhorar a qualidade do software, através da colocação da equipa certa logo no início do projeto. Com uma boa equipa e a formação que lhe é ministrada, a organização pode melhorar o desempenho do pessoal do projeto. Os padrões extraídos sobre o desempenho serão as diretrizes para a tomada de decisões importantes por parte da gestão para a qualidade do software. Este estudo mostrou que as empresas precisam de seguir um método de avaliação de desempenho realista de tempos a tempos para o sucesso do projeto.

2.4 Ferramentas de extração de dados - Weka

Weka é o acrónimo de Waikato Environment for Knowledge Analysis (Ambiente Waikato para Análise do Conhecimento). O sistema Waikato Environment for Knowledge Analysis (Weka) foi desenvolvido na Universidade de Waikato, na Nova Zelândia. O Weka é uma extensa biblioteca de algoritmos de extração de dados e de aprendizagem automática.

O Weka é um software de aprendizagem automática disponível gratuitamente, escrito em Java. Suporta todas as funções de extração de dados, como o pré-processamento, o agrupamento, a classificação, etc. Os métodos de aprendizagem são aplicados ao conjunto de dados utilizando o Weka e o resultado é analisado para extrair informações sobre os dados. O Weka também fornece estatísticas sobre o desempenho dos vários aprendentes, de modo a que se possa efetuar um estudo comparativo do desempenho para escolher o melhor classificador.

O Weka pode ser executado a partir da linha de comandos ou da interface.

O conjunto de ferramentas Weka é uma ferramenta de software de fonte aberta amplamente utilizada que contém uma grande coleção de algoritmos de aprendizagem automática e extração de dados de última geração escritos em Java. O Weka contém ferramentas para regressão, classificação, agrupamento, regras de associação e visualização. O painel classificar permite ao utilizador aplicar algoritmos de classificação ao conjunto de dados resultante, estimar a precisão do modelo de previsão resultante, visualizar previsões erradas e o próprio modelo. O banco de trabalho de aprendizagem automática Weka oferece um ambiente de uso geral para o pré-processamento automático de dados, classificação, agrupamento e seleção de caraterísticas para vários problemas de extração de dados. O Weka não só inclui implementações de algoritmos para agrupamento, classificação e extração de regras de associação, como também possui interfaces gráficas de utilizador para visualização de dados e resultados.

É um software gratuito e de código aberto utilizado em institutos de ensino para o ensino e aplicação de tópicos de aprendizagem automática e extração de dados. É uma excelente ferramenta de investigação para desenvolver e comparar empiricamente técnicas de extração de dados. É amplamente aplicado noutros domínios académicos e em contextos comerciais. Os novos algoritmos podem ser facilmente incorporados e comparados com os existentes numa coleção de conjuntos de dados.

As vantagens do Weka incluem:

- Disponibilidade gratuita sob a Licença Pública Geral GNU.
- Portabilidade, uma vez que é totalmente implementado na linguagem de programação Java e funciona em quase todas as plataformas informáticas modernas.
- Uma coleção abrangente de técnicas de pré-processamento e modelação de dados.
- Facilidade de utilização devido às suas interfaces gráficas de utilizador.

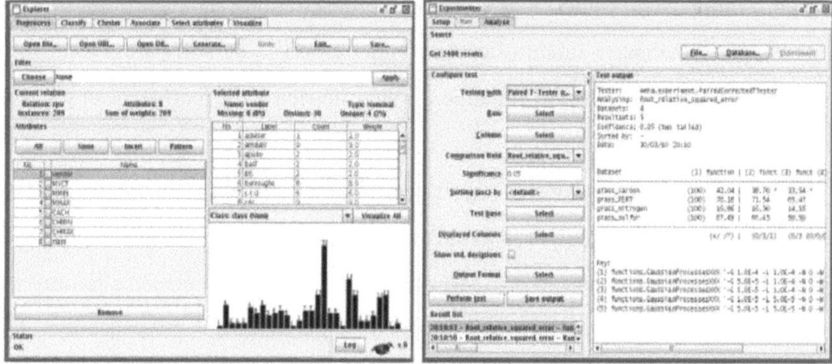

(Fonte: www.cs.waikato.ac.nz/ml/weka)

Figura 2.3: As interfaces Explorer e Experimenter.

2.5 Resumo

As indústrias de TI pretendem cumprir o objetivo de concluir o projeto dentro dos limites de custo e de tempo, juntamente com a prestação de um serviço de alta qualidade e inovação nos seus produtos para a sua subsistência no mercado global. Devido à rápida transformação da tecnologia, as indústrias de software têm de gerir um grande conjunto de dados com informações preciosas escondidas. Nos últimos anos, a técnica de extração de dados permite lidar eficazmente com esta informação oculta, podendo ser aplicada à otimização do código, à previsão de falhas e a outros domínios que modulam e melhoram a natureza do sucesso dos projectos de software.

É o pessoal do projeto que transforma o conhecimento e dá forma ao produto de software. Por conseguinte, a qualidade do produto desenvolvido depende em grande medida da capacidade do pessoal do projeto, juntamente com a qualidade do processo. O objetivo deste trabalho é, portanto, explorar as potencialidades do pessoal do projeto em termos das suas competências e aptidões e a sua influência na qualidade do projeto. O objetivo acima mencionado é alcançado utilizando métodos de classificação para captar o padrão do desempenho humano. Desta forma, o conhecimento oculto e valioso descoberto nas bases de dados relacionadas será resumido numa forma estruturada e interpretável.

A aplicação da extração de dados no aspeto humano da indústria de software não progrediu muito. Este estudo tem por objetivo desenvolver uma estrutura de extração de dados para analisar o talento humano numa empresa de software. Desta forma, é desenvolvida uma abordagem dinâmica e paramétrica para recrutar e desenvolver o talento humano correto.

A extração de dados tem muitos algoritmos para a descoberta de conhecimentos em bases de dados. Por este motivo, é também designada por KDD (Knowledge Discovery in Data bases). A investigação envolve a aplicação de várias técnicas e ferramentas de extração de dados para analisar os atributos de capacidade das pessoas envolvidas no desenvolvimento de software. Foi utilizada a classificação e a ferramenta Weka, que é um sistema de aprendizagem automática de fonte aberta que possui muitos algoritmos de extração de dados, tem sido amplamente explorado para obter os padrões.

O capítulo seguinte trata das técnicas específicas de extração de dados utilizadas neste estudo, dos resultados obtidos e também das inferências e conclusões.

CAPÍTULO 3

Quadro para a extração de dados do pessoal do projeto para previsão do desempenho

3.1 Introdução

O ambiente de negócios cada vez mais competitivo e global da indústria de software, juntamente com a melhoria constante da qualidade e do serviço ao cliente, realçou a importância do recrutamento e seleção de pessoal de projeto adequado. Neste contexto, a aplicação de métodos adequados para encontrar os factores que melhoram o desempenho do pessoal do projeto pode levar à melhoria do processo de desenvolvimento de software e dos lucros da empresa. Para implementar estratégias relacionadas com os sistemas de avaliação do talento humano, é necessário verificar se os processos de recursos humanos existentes estão a apoiar ou não o crescimento da organização. É extremamente importante conceber e desenvolver uma metodologia para gerir a grande base de dados relacionada com o pessoal do projeto e extrair dela informações úteis. Com base nos resultados obtidos, podem ser desenvolvidos métodos, estratégias e modelos de capacidade adequados.

A extração de dados é uma abordagem que ajuda as empresas a desenvolver estratégias mais eficazes. A tecnologia de extração de dados pode ser utilizada para transformar conhecimento oculto em conhecimento manifesto. Nesta investigação, a utilização da prospeção de dados para a análise do desempenho do pessoal do projeto fornecerá efetivamente conhecimentos relacionados com as capacidades que, quando integrados na cultura da empresa, proporcionarão um sistema de apoio à decisão para melhorar significativamente o processo de desenvolvimento de software.

3.2 Metodologia de investigação

Este estudo trata da investigação do desempenho do pessoal do projeto e efectua uma análise das causas profundas do desempenho utilizando técnicas de extração de dados e fornece ainda uma solução para colmatar as lacunas de desempenho, sugerindo um modelo de cultura de trabalho de capacidades para melhorar a qualidade do software desenvolvido, o que, por sua vez, proporcionará uma vantagem competitiva à empresa.

Para atingir o objetivo acima mencionado, esta investigação construiu um quadro de investigação para explorar as competências técnicas ou os factores de capacidade necessários num programador para contribuir para um bom desempenho durante o desenvolvimento de software.

A ferramenta Weka é uma ferramenta de código aberto facilmente disponível que possui uma vasta gama de algoritmos disponíveis para esse efeito. A Weka é um conjunto de algoritmos de aprendizagem automática para tarefas de extração de dados. Os algoritmos podem ser aplicados diretamente a um conjunto de dados. A Weka contém todas as funcionalidades e métodos que permitem o pré-processamento de dados, a visualização de dados e a aplicação de regras de classificação, regressão, agrupamento e associação.

A inteligência e o conhecimento prévio são necessários em todas as fases do desenvolvimento de software. A motivação para este estudo é melhorar a qualidade do software desenvolvido, investigando os aspectos humanos e os atributos de qualidade desejados exigidos ao pessoal do projeto, a fim de desenvolver a qualidade necessária dos produtos de software.

O repositório das indústrias de software contém uma grande quantidade de dados latentes relacionados com o pessoal do projeto. Assim, é possível descobrir o padrão na relação entre os atributos do empregado e o seu desempenho no trabalho. Por conseguinte, este estudo tem como objetivo encontrar, através de métodos de aprendizagem automática, os atributos técnicos ocultos que são necessários para um bom desempenho de um engenheiro de software. Assim, a hipótese formulada é que o pessoal de projeto que trabalha em projectos semelhantes tenderá a apresentar caraterísticas de desempenho semelhantes. No entanto, esta investigação tem muitas limitações. Para considerar alguns deles, cada pessoal de projeto tem um passado diferente. As empresas têm culturas de trabalho diferentes, pelo que o desempenho do mesmo pessoal pode variar. Além disso, o desempenho depende de muitos aspectos não técnicos, como a satisfação no trabalho e outras questões psicológicas. Por conseguinte, o estudo do aspeto humano da engenharia de software enfrenta muitas restrições devido à variabilidade do comportamento humano. Devido às razões acima mencionadas, este estudo limita-se a investigar os aspectos técnicos do pessoal do projeto, o que contribuirá para um elevado desempenho dos produtos de software. Um outro desafio é a grande variedade de domínios e tipos de projectos de software dentro de cada domínio. Assim, este estudo centra-se na análise dos componentes humanos com base nas caraterísticas técnicas dos projectos que lidam com aplicações baseadas na Web.

Este trabalho envolveu a aplicação de modelos de classificação para encontrar padrões de comportamento no trabalho do pessoal do projeto de software com base em alguns parâmetros relacionados com o projeto, o pessoal do projeto e a cultura da empresa. Através deste estudo, é possível estabelecer uma relação entre o desempenho e os atributos do pessoal. O conhecimento descoberto a partir dos modelos de extração de dados pode ser utilizado para encontrar as pessoas certas e, assim, melhorar o desenvolvimento de software. Por conseguinte, esta investigação teve como objetivo construir uma estrutura utilizando técnicas de extração de dados para explorar as relações entre os perfis do pessoal e o desempenho no trabalho e o seu efeito no desenvolvimento de software. Através da metodologia proposta, é possível extrair informação oculta de grandes volumes de dados sobre o pessoal e, assim, os chefes de projeto podem compreender e concentrar-se na seleção para o projeto de software através do conhecimento descoberto.

3.2.1 Recolha de dados

Depois de enquadrar os objectivos da investigação, a fase seguinte foi a recolha de dados. A indústria do software é um vasto oceano onde existem muitas empresas gigantes, bem como pequenas empresas em fase de arranque. Além disso, as empresas são especializadas em vários tipos de projectos. Algumas empresas lidam com sistemas ERP, outras com sistemas operativos e programação de sistemas, e outras ainda com soluções de rede. Algumas empresas tratam de sistemas antigos. Algumas empresas lidam com aplicações baseadas na Web, como correio eletrónico, sítios de redes sociais, portais imobiliários, portais de compras, etc. O software entrou nos nossos bolsos e nas pontas dos nossos dedos através da computação móvel. A lista é interminável. Cada tipo de software requer uma especialização diferente. Era extremamente importante restringir e definir os limites do estudo. Este estudo concentrou-se num pequeno número de empresas que desenvolvem aplicações baseadas na Web. Por conseguinte, a primeira restrição era que todo o estudo empírico fosse feito num domínio específico de software, ou seja, aplicações baseadas na Web. Além disso, as empresas estavam localizadas em Bangalore. A segunda restrição foi o facto de terem sido consideradas as empresas de software de Bangalore. A amostragem foi intencional. Verificou-se que uma empresa gigante, que foi a primeira a introduzir o serviço de correio eletrónico e o serviço de mensagens, estava prestes a encerrar. Uma empresa semelhante, que começou com apenas três estudantes universitários, dominou o mercado mundial. Do mesmo modo, um portal imobiliário que durou muitos anos foi subjugado por software emergente. Este facto motivou a análise dos aspectos humanos destas empresas e a descoberta do seu papel no crescimento da empresa.

Os dados foram recolhidos em empresas de software de renome de Bangalore que lidam com aplicações baseadas na Web. Os dados relativos ao pessoal do projeto estão geralmente no departamento de recursos humanos, uma vez que é este departamento que está autorizado a selecionar e recrutar pessoal para a sua organização. No entanto, este estudo requer muitos atributos para consideração, pelo que os dados foram recolhidos parcialmente do departamento de recursos humanos, maioritariamente do chefe da equipa do projeto, alguns do questionário ao pessoal do projeto e alguns de fontes da Internet. As principais fontes de dados foram as seguintes

- Perfil do pessoal do projeto: O Departamento de Recursos Humanos tem informações sobre o pessoal. Contém muitos atributos, como o sexo, o nível universitário, o grau obtido, as notas académicas, a experiência, etc.
- Questionários: formulários que são preenchidos e devolvidos pelos inquiridos. Estes questionários foram entregues aos chefes de equipa do projeto e um conjunto diferente ao pessoal do projeto. Através destes questionários, foi possível determinar muitas variáveis, como o contexto social, económico e familiar... As perguntas sobre a classificação do pessoal do projeto em termos de espírito de equipa, eficiência de tempo e competências foram feitas pelo chefe de projeto. Também foram feitas perguntas ao pessoal do projeto sobre a satisfação e o contentamento com o trabalho em termos de cultura de trabalho e remuneração.
- Entrevistas: formulários que são preenchidos através de uma entrevista com o inquirido. Consomem mais tempo do que os questionários, mas são melhores para perguntas mais complexas.
- Observações diretas: fazer medições diretas é o método mais preciso para muitas variáveis

Os dados recolhidos provêm de várias fontes. Além disso, os dados eram muito vastos. Foram visitadas mais de 25 empresas. Foram inquiridos mais de 2500 trabalhadores. Foram considerados mais de 500 projectos e foram entrevistados gestores de projectos.

No entanto, nesta altura, era necessário determinar a amostra para o estudo empírico. A amostra deve ser óptima, de modo a representar a população dos dados. Se for demasiado grande, os resultados podem não ser coerentes. Se for demasiado pequena, pode também não dar resultados adequados e exactos.

3.2.2 Análise e pré-processamento de dados

Os dados provêm de várias fontes, como se pode ver na recolha de dados. Após a seleção da amostra, foi muito necessário integrar e normalizar os dados de acordo com os requisitos das técnicas de classificação.

O pré-processamento dos dados é o aspeto mais importante na extração de dados. Inicialmente, foram selecionados mais de 35 atributos. Destes, apenas alguns foram tomados em consideração, sem discriminação de idade, sexo, social e económica. O pré-processamento dos dados implica a redução dos atributos desnecessários e, em segundo lugar, dos tuplos redundantes. A direção das empresas estava interessada em conhecer a importância de alguns atributos importantes. Por conseguinte, alguns atributos foram retirados de acordo com as instruções. Alguns foram retirados para evitar qualquer discriminação em termos de idade, sexo, social e económico. Posteriormente, foram retirados alguns atributos que ocupavam uma posição muito baixa na hierarquia após a aplicação de métodos de pré-processamento de dados, de modo a concentrar-se nos factores mais importantes. O pré-processamento dos dados pode ser efectuado através de vários métodos, como o algoritmo genético, as redes neuronais, a teoria dos conjuntos aproximados e a discretização baseada na entropia. Basicamente, todos os métodos fornecem uma ordem hierárquica dos atributos, de modo a que os atributos sem importância possam ser facilmente eliminados. Este estudo utilizou o método de discretização baseado na entropia, uma vez que é capaz de extrair conhecimentos de conjuntos de dados grandes e pouco claros. A discretização baseada na entropia reduz os atributos e também ajuda a melhorar a exatidão. A amostragem do conjunto de dados deve representar corretamente a totalidade dos dados e remover apenas os tuplos redundantes. Depois de remover os atributos sem importância, os tuplos redundantes foram removidos utilizando o ID3.

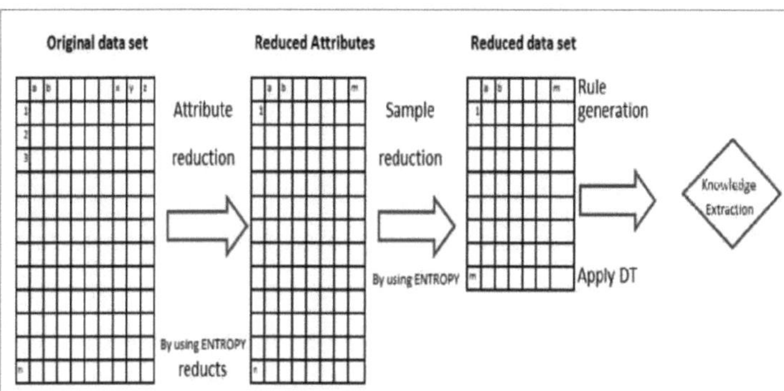

Figura 3.1: Pré-processamento de dados

A abordagem para o pré-processamento de dados é apresentada na Figura 3.1. Tal como se mostra na figura 3.1, foi efectuado em duas fases. Em primeiro lugar, foram eliminados os atributos sem importância e insignificantes. Este passo é também designado por redução de colunas. A segunda fase consistiu em reduzir os tuplos sem importância e redundantes. Esta fase é também designada por redução de linhas.

Os atributos de identificação e elegibilidade não foram considerados para a investigação, uma vez que esta se centrou na procura dos factores técnicos que influenciam o desempenho. Alguns atributos foram integrados, agregados e normalizados. Alguns não foram considerados, uma vez que a direção pretendia conhecer o impacto de apenas alguns atributos. Alguns foram ainda removidos, uma vez que foram classificados numa posição muito baixa na hierarquia de importância pelo método de pré-processamento de dados, ou seja, quando foi efectuada a redução de colunas. A redução das colunas foi efectuada utilizando a entropia.

Os métodos de seleção de atributos para a redução de colunas são explicados a seguir.

- **Medidas de seleção de atributos (redução de colunas)**

A medida de seleção de atributos é uma abordagem heurística para dividir o conjunto de dados. Por conseguinte, também são designadas por regras de divisão na formação de árvores de decisão. O método de seleção de atributos também permite classificar os atributos do conjunto de dados. O atributo mais importante surge como raiz e, subsequentemente, os outros atributos entram na árvore consoante a sua importância. As medidas de seleção de atributos também podem ser utilizadas no pré-processamento de dados para reduzir colunas, ou seja, reduzir atributos sem importância.

Foram adoptados dois métodos para alcançar o mesmo objetivo. Foram eles o ganho de informação e o rácio de ganho, ambos baseados na entropia. A entropia é considerada uma medida de discretização muito boa. Foi introduzida por Claude Shannon no seu trabalho de excelência sobre a teoria da informação (Weiss et al., 1998). O ganho de informação utilizado na classificação ID3 também se baseia no mesmo conceito. O rácio de ganho, utilizado na árvore de decisão CART, também se baseia na entropia. A discretização baseada na entropia reduz eficazmente o tamanho dos dados. Pode ser utilizada tanto para a redução de linhas como para a redução de colunas. Os métodos de redução de colunas são também designados por métodos de seleção de atributos.

Os métodos baseados na entropia na ferramenta Weka deram uma classificação de atributos. Em seguida, os atributos com classificações baixas ou atributos irrelevantes foram eliminados. Deste modo, foi possível reduzir as colunas. Isto reduz consideravelmente os dados para análise. A tabela apresenta os resultados obtidos com a utilização dos dois métodos que utilizam a discretização baseada na entropia na ferramenta Weka, ou seja, o ganho de informação e o rácio de ganho. A tabela apresenta os atributos listados por ordem hierárquica de acordo com a sua importância. Com base nisto, os atributos com classificação mais baixa podem ser removidos por coluna para aplicação de modelos de extração.

- **Reduz as instâncias desnecessárias e redundantes (redução de linhas)**

A segunda fase consiste em utilizar o ID3 para reduzir as instâncias ruidosas. Em seguida, um novo conjunto de dados a partir dos resultados da discretização baseada na entropia será selecionado como entrada para árvores de decisão para análise posterior, a fim de reduzir as instâncias de redundâncias ou impurezas dos dados originais.

O ID3 fornece a árvore com a probabilidade associada a cada ramo. Os ramos que têm um valor nulo associado indicam os tuplos que são ruidosos e não têm relevância. Esses tuplos são removidos do conjunto de dados. Alguns exemplos de regras com a sua probabilidade associada são apresentados de seguida. Os tuplos com probabilidade muito baixa foram removidos do conjunto de dados, o que permitiu reduzir as linhas.

O algoritmo de redução de dados é apresentado da seguinte forma

Conjunto de dados de entrada com atributos reduzidos

Efetuar a validação cruzada n-fold por ID3 com base no ganho de informação

Para cada dobra i, i = 1,.n

Utilizar a iª dobra como conjunto de dados de teste

Utilizar a união das outras n -1 dobras como conjunto de dados de treino

PARA cada instância j do conjunto de teste

```
{
    IF instance j has high probability
        Put instance j into final_data_set
}
```

O conjunto de dados está agora pronto para ser analisado. Sem o pré-processamento dos dados, as árvores e os resultados são difíceis de interpretar, uma vez que se trata de árvores enormes e pouco claras.

Como se pode ver, alguns vectores têm muito poucas ocorrências e, por conseguinte, baixa probabilidade. Estes tuplos são facilmente removidos no MSEXCEL escrevendo um pseudo-código. É necessário eliminar estes tuplos, uma vez que criam ambiguidade nos resultados ao criarem grandes árvores que não são fáceis de interpretar.

3.2.3 Modelos de exploração mineira

A extração de dados é uma grande coleção de métodos de extração de conhecimentos. Pode ser efectuada por associação, agrupamento, classificação ou métodos de regressão. Todos estes métodos foram descritos no capítulo 2, secção 2.3, na visão geral da extração de dados. Tendo em conta o tipo de dados para este estudo, foi mais adequado aplicar o método de aprendizagem supervisionada, uma vez que as etiquetas das classes de saída estavam disponíveis como se vê nos dados. Por conseguinte, neste estudo, o foco principal foi a classificação. Os vários classificadores utilizados são descritos em seguida.

3.2.3. 1Classificação

Existem muitas técnicas de classificação, como as redes neuronais, os métodos K-nearest e as máquinas de vectores de apoio. Neste estudo, são utilizadas árvores de decisão, uma vez que estas são fáceis de interpretar e compreender e também fornecem regras que funcionam como a informação final necessária para as políticas de gestão. A árvore de decisão é um fluxograma constituído por nós internos, nós folha ou nós terminal e ramos. O ramo representa um resultado de um teste, o nó interno representa um teste num atributo e cada folha contém a etiqueta da classe. As árvores de decisão mais populares são ID3, CART e Random Forest (Witten I et al. 2005).

A classificação é um aspeto importante na extração de dados. Neste estudo, Y, um conjunto finito de valores não ordenados, ou seja, os resultados de desempenho, são classificados com base nos atributos de entrada X, que são as capacidades técnicas do pessoal do projeto.

3.2.3.1. 1Árvores de decisão

Uma árvore de decisão é designada por árvore porque é muito semelhante a uma árvore em que cada nó de ramo representa uma escolha entre várias alternativas e cada nó de folha representa uma decisão. A árvore de decisão começa com um nó de raiz no qual os utilizadores devem realizar acções. A partir deste nó, os utilizadores dividem cada nó recursivamente de acordo com o algoritmo de aprendizagem da árvore de decisão. O resultado final é uma árvore de decisão em que cada ramo representa um cenário possível de decisão e o seu resultado. A árvore de decisão é uma estrutura em forma de árvore que representa conjuntos de decisões. Estas decisões geram regras para a classificação de um conjunto de dados.

As árvores de decisão são habitualmente utilizadas na classificação e previsão, uma vez que são uma forma simples e poderosa de descobrir conhecimentos. A construção de uma árvore de decisão não requer qualquer definição de parâmetros ou conhecimento do domínio, pelo que é uma técnica muito popular. A árvore de decisão é uma estrutura em que cada nó interno é indicado por um retângulo e representa um teste sobre um atributo. O ramo representa um resultado do teste e cada nó terminal contém a etiqueta da classe. Os nós de folha são representados por ovais. O nó no nível mais elevado é o nó raiz. A árvore de decisão tem duas fases, ou seja, crescimento e poda. Na primeira fase, a árvore é construída com base em medidas de seleção de atributos. As medidas de seleção de atributos são utilizadas para selecionar o atributo que melhor divide os tuplos em classes distintas. A poda da árvore identifica e elimina os valores atípicos no conjunto de treino para melhorar a precisão do método de classificação. A poda de árvores pode ser efectuada antes ou depois da construção da árvore

Os principais elementos dos algoritmos de árvore de decisão são basicamente:

- Regras para dividir os dados num nó com base no valor de qualquer variável; através do Índice de Gini ou de métodos baseados na entropia.
- Regras de paragem para decidir quando um ramo é terminal e não pode ser dividido mais e algum limiar de melhoria da precisão, o mesmo resultado para todos os casos, ganho de informação muito baixo.
- Finalmente, uma previsão para a variável-alvo em cada nó terminal.

As árvores de decisão são uma estrutura hierárquica semelhante a uma árvore com folhas e ramos. A estrutura das árvores de decisão representa hierarquicamente diferentes níveis de atributos. Cada folha revela a classificação de um atributo com base em critérios de divisão, enquanto o ramo indica as condições dos atributos. Uma árvore de decisão pode ser construída por vários métodos para fornecer informações valiosas sobre os atributos e revelar padrões e regras associados entre os atributos (Maimon et al. 2005).

O ID3, que se baseia no algoritmo de Hunts, foi desenvolvido por Quilan (1986). A árvore é construída em duas fases em simultâneo. Em primeiro lugar, constrói a árvore juntamente com a poda. Quilan desenvolveu ainda o C4.5, que é um sucessor do ID3 e se baseia no algoritmo de Hunt. O CART é outro algoritmo popularmente disponível. O CART foi introduzido por Breiman. Trata tanto os atributos contínuos como os categóricos para construir uma árvore de decisão, para além de tratar os valores em falta. O CART funciona de forma a construir apenas árvores binárias. Os algoritmos ID3 e C4.5 têm múltiplos ramos (Daniel et al. 2006).

O quadro 3.1 apresenta uma breve descrição dos vários métodos de classificação utilizados nesta investigação sob a forma de tabela. Indica o nome pelo qual foi introduzido, o tipo de dados que pode tratar e o nível de conhecimentos que apresenta.

O Weka contém ferramentas para regressão, classificação, agrupamento, regras de associação e visualização. Neste estudo, é utilizado o painel de classificação. O resultado não só apresenta a árvore, mas também outros parâmetros de precisão do classificador. Os capítulos seguintes desta tese abordarão mais pormenorizadamente os resultados obtidos, ou seja, as árvores, as regras e os parâmetros de precisão de vários métodos de extração.

Tabela 3.1: Descrição das técnicas de classificação

Algoritmo	**Proposto por**	**Lidar com tipos de dados**	**Velocidade de classificação**	**Extração de conhecimento de dados a partir da classificação**
W3	Qui lan	discreto e contínuo	Excelente	Excelente
J48 árvore podada	Qui lan	discreto e contínuo	Excelente	Bom
Árvore aleatória		discreto e contínuo	Excelente	Excelente
Árvore de decisão CART	Breiman	discreto e contínuo	Excelente	Bom
Ingenuidade pode ser simples	Baye	apenas discreto	Excelente	Excelente

ID3- Iterative Dichotomise 3 CART - Árvore de Classificação e Regressão

Além disso, é fornecida uma breve nota sobre todos os classificadores para compreender a origem, as diferenças e a metodologia das técnicas.

a) ID3 (Iterative Dichotomise 3)

O ID3 foi desenvolvido por Quinlan Ross e baseia-se nos conceitos de sistemas de aprendizagem descritos por Hunt (Mannila et al., 2001). O ID3 adopta uma abordagem gulosa em que as árvores de decisão são construídas recursivamente pelo método "dividir para conquistar". A medida de seleção de atributos é uma medida de ganho de informação para a divisão de critérios. A ID3 limita-se a valores categóricos na construção de um modelo de árvore. A ID3 fornece uma árvore completa sem poda, uma vez que efectua o pré-processamento do ruído.

b) C4.5 (também designado J48 no kit de ferramentas Weka)

O C4.5 constrói árvores de decisão a partir de um conjunto de dados de treino da mesma forma que o ID3 e também se baseia no Algoritmo de Hunt (Quinlan, 1993). No entanto, trata-se de uma extensão do ID3 e funciona também para dados contínuos. Neste estudo, o conjunto de amostras é constituído por um vetor d-dimensional (x1, x2 ...xd), em que d é o número de atributos e xi representa os atributos. A estratégia é muito simples. É utilizado um procedimento heurístico para a seleção dos atributos. O atributo que melhor discrimina a tupla em relação à classe, de acordo com a medida de seleção, ou seja, o ganho de informação, é utilizado para tomar a decisão de dividir a árvore em ponto de divisão ou árvore de divisão. O nó de raiz será o atributo cujo rácio de ganho é máximo. O algoritmo C4.5 funciona ainda recursivamente em sub-listas. O C4.5 utiliza a poda prévia para remover ramos desnecessários na árvore de decisão, a fim de melhorar a exatidão da classificação.

c) CARTÃO

O CART foi desenvolvido por Breiman Weiss et al., (1998). Também se baseia no algoritmo de Hunt. O CART tem a capacidade de lidar com atributos categóricos e contínuos para construir uma árvore de decisão. Também é capaz de lidar com valores em falta. O CART utiliza o índice de Gini como medida de seleção de atributos para construir uma árvore de decisão. O CART produz divisões binárias, ao contrário do ID3 e do C4.5. Por conseguinte, produz árvores que são de natureza binária. A CART utiliza a complexidade dos custos, ou seja, a poda posterior, para produzir uma árvore simplificada. Geralmente, é preferida a árvore de decisão mais pequena que minimiza a complexidade dos custos.

d) Floresta aleatória

O algoritmo de formação das florestas aleatórias aplica a técnica geral de agregação bootstrap ou bagging. Dado um conjunto de treino X = x1, ..., xd com respostas Y = y1 ,... yd, o ensacamento seleciona repetidamente uma amostra bootstrap do conjunto de treino e ajusta as árvores a essas amostras. Normalmente, um classificador por ensacamento tem maior precisão; são utilizadas algumas centenas a milhares de árvores, dependendo da dimensão e do conjunto de treino. A floresta aleatória dá resultados exactos e é mais capaz de lidar com dados ruidosos. Isto deve-se ao facto de o modelo composto reduzir a variância dos classificadores individuais (Kohavi, 2008).

3.2.4 Implementação de métodos de classificação

Em primeiro lugar, foi efectuada uma experiência com um pequeno conjunto de dados e utilizando a classificação de Bayes. Ao obter um padrão positivo e uma revelação importante, foi utilizado o conjunto de ferramentas Weka para continuar as experiências e validar o resultado da classificação de Bayes.

O algoritmo utilizado para a classificação neste estudo é o ID3, C4.5, random forest e CART. Em "Opções de teste", a validação cruzada 10 vezes é selecionada para a abordagem de avaliação. Uma vez que não existe um conjunto de dados de avaliação separado, esta opção foi necessária para obter uma ideia razoável da precisão do modelo gerado. O modelo é gerado sob a forma de árvore de decisão, como se mostra no capítulo seguinte. Estes modelos de previsão fornecem uma forma analítica para a análise do desempenho.

3.3 Interpretação e resumo

Os dados são objeto de várias técnicas de classificação, como a classificação Bayes, ID3, J48, CART e Random Forests, abordadas neste capítulo. Embora existam inúmeras técnicas de extração de dados, poucas foram tidas em consideração. Os resultados e as interpretações, juntamente com as inferências, são discutidos mais adiante. Os resultados são apresentados no capítulo 4. O capítulo 5 trata da derivação de um modelo baseado em regras derivadas dos resultados do capítulo 3. Os capítulos 4 e 5 interpretam os resultados em pormenor e validam os resultados através de um estudo empírico em algumas empresas.

O principal objetivo do estudo é encontrar os factores de capacidade do pessoal do projeto que têm impacto no desempenho. Esta investigação centrou-se na utilização da metodologia de prospeção de dados para a seleção e recrutamento do pessoal de projeto adequado que produz resultados eficazes para uma melhor qualidade do software. O objetivo era utilizar a técnica de extração de dados para se centrar nos factores de capacidade do pessoal do projeto individual.

O aspeto humano da engenharia de software tornou-se uma das principais preocupações das empresas de software para atingir objectivos de qualidade. As indústrias de software estão agora a prestar atenção à seleção do talento certo, que pode ter um desempenho consistente em todas as actividades da estrutura genérica e executar o processo corretamente. A qualidade do software depende da qualidade das pessoas e dos processos durante o desenvolvimento (Godfrey et al., 2009). Por conseguinte, este estudo propõe a utilização de algoritmos de classificação que podem explorar os padrões nos dados históricos e prever o desempenho com base nos atributos do pessoal do projeto, melhorando assim o processo e a qualidade do software.

A extração de dados é o processo de extrair informações ocultas dos dados. Dispõe de métodos analíticos sofisticados para descobrir tendências e padrões ocultos. Estas tendências e padrões podem ser extraídos através da utilização de vários algoritmos de extração de dados. As etapas importantes da extração de dados são o pré-processamento e a transformação dos dados para aplicar o modelo de extração. Os dados são submetidos a uma redução de colunas e a uma redução de linhas para obter uma boa amostra de dados, de modo a que os resultados obtidos sejam interpretáveis. Neste estudo, foi utilizada a classificação, uma vez que fornece resultados claros e compreensíveis. A classificação é um método de formação supervisionado, uma vez que as classes de saída são determinadas nestes dados. As árvores de decisão revelar-se-ão sob a forma de uma árvore com o atributo mais importante na raiz e, subsequentemente, outros atributos por ordem hierárquica. Subsequentemente, os padrões e as estatísticas pormenorizadas podem ser obtidos através dos modelos de extração que são ilustrados no próximo capítulo.

Através da classificação, é possível derivar regras. A categorização utiliza algoritmos de indução de regras para lidar com resultados categóricos. Neste estudo, a classificação foi utilizada de forma eficaz, uma vez que os dados consistiam em valores discretos

Por conseguinte, esta investigação teve como objetivo construir um quadro para a exploração de dados sobre recursos humanos, a fim de explorar as relações entre os perfis do pessoal e o seu efeito no desempenho e, consequentemente, o impacto no desenvolvimento de software. Através da metodologia proposta, é possível extrair informação oculta de grandes volumes de dados sobre o pessoal e, assim, os chefes de projeto podem compreender e concentrar-se na seleção e no recrutamento do pessoal adequado para o projeto de software através do conhecimento descoberto.

Este estudo permite que a gestão da indústria de software se concentre nos critérios de capacidade humana e, assim, melhore o processo de desenvolvimento do projeto de software. É dada muita importância ao processo no âmbito do quadro genérico de desenvolvimento de software e agora é altura de investigar profundamente o aspeto humano para um desenvolvimento de software eficaz.

CAPÍTULO 4

Análise de desempenho utilizando técnicas de extração de dados

4.1 Introdução

As empresas de software dispõem de uma grande base de dados sobre o seu capital humano, que se encontra inativa e passiva. Estes dados podem ser reutilizados para extrair conhecimentos e melhorar o processo de software (Anand et al. 2008). Estes dados incluem dados relativos aos dados pessoais do pessoal do projeto, pontuações de capacidades e competências e outros testes de eficiência geral. Além disso, os comportamentos de trabalho de um membro da equipa de projeto têm um impacto direto na qualidade do produto. Esta investigação desenvolveu uma estrutura de extração de dados para encontrar padrões interessantes relacionados com as caraterísticas do pessoal do projeto, tais como competências de domínio, desempenho académico, experiência, qualificação, etc., que podem influenciar o desempenho. As empresas analisam vários aspectos ao considerar o pessoal do projeto. Não conseguem encontrar os factores mais relevantes através da análise dos dados. É extremamente importante encontrar, através de um método computacional, os atributos importantes do pessoal que contribuem para a qualidade do software e para o crescimento da empresa. Este capítulo trata da aplicação das técnicas e métodos elaborados na metodologia de investigação do capítulo 3 da presente tese.

Neste capítulo, são ilustrados os dados e os resultados obtidos com os métodos adoptados neste trabalho. Com base nos resultados desta investigação, uma empresa pode formular estratégias de gestão relacionadas com os aspectos humanos para atingir a qualidade desejada dentro de determinados limites de tempo e de custos.

4.2 Dados e métodos

Neste estudo, os factores de capacidade que contribuem para o elevado desempenho do pessoal de software no domínio baseado na Web são reconhecidos utilizando técnicas de extração de dados e é estabelecida a relação entre vários atributos e o desempenho profissional.

O conjunto de dados é descrito mais pormenorizadamente neste capítulo. Os métodos de classificação especificados no capítulo 3 são utilizados para os resultados da investigação.

A ferramenta Weka foi utilizada de três formas. Não só fornece resultados de classificação e efectua análises, como também é utilizada para o pré-processamento de dados. Também tem opções de seleção e classificação de atributos. A Weka também fornece estatísticas sobre a exatidão dos classificadores (Maimon et al. 2005).

Em primeiro lugar, apresenta a classificação dos dados através de vários algoritmos, como o ID3, o J48, que na realidade é o C4.5, o CART, etc.

Em segundo lugar, a Weka dispõe de métodos de discretização baseados na entropia para a seleção de atributos e que permitem identificar os atributos importantes por ordem hierárquica. Isto dá uma imagem clara do aspeto técnico que necessita de mais atenção comparativamente a outros atributos.

Em terceiro lugar, a ferramenta Weka fornece todas as estatísticas e informações sobre a exatidão, a taxa de verdadeiros positivos, a precisão, os erros quadrados médios, etc., dos métodos de classificação. A ferramenta permite avaliar os algoritmos de classificação, o que, por sua vez, facilita a seleção do melhor método.

A análise é efectuada num sistema HP Windows com CPU Intel® Core ™ i5, processador de 2,40 GHz e 8,00 GB de RAM.
O primeiro passo em direção aos dados foi consolidar, agregar, integrar e normalizar os dados, o que é descrito no pré-processamento de dados.

4.2.1 Pré-processamento de dados

A preparação e a redução dos dados desempenham um papel muito importante na extração de dados, especialmente no caso de dados de elevada dimensão, em que existem muitas linhas e muitas colunas. Os dados provêm de várias fontes e distribuem-se por diferentes dimensões, como competências, habilitações literárias, informações pessoais e a forma como o trabalhador classifica a empresa.

Além disso, os formatos dos dados são diferentes. Os dados reduzidos devem ser tais que representem a totalidade dos dados e reduzam também a redundância. Tendo em consideração muitos atributos, é necessário classificá-los e tratar os atributos importantes para a análise e a tomada de decisões. O tratamento dos dados foi novamente efectuado utilizando o conjunto de ferramentas Weka, aplicando os métodos elaborados no capítulo 3.

4.2.2 Conjunto de dados de amostra

A lista de atributos recolhidos e selecionados que são relevantes para esta investigação é especificada mais adiante nesta secção. O conjunto inicial de dados recolhidos para o estudo consistia em atributos do pessoal do projeto relacionados com a educação, as notas académicas e a avaliação interna realizada pela empresa. Os dados consistiam num vasto conjunto de atributos que incluíam competências, notas académicas, atributos de identificação como a idade, o sexo, o contexto social, os hábitos, os passatempos, etc. A avaliação final considerou o impacto dos testes de competências no desempenho sem qualquer discriminação de género, idade, social e económica. A amostra do conjunto final de dados é apresentada no Quadro 4.2

O conjunto de dados era constituído por poucos atributos, uma vez que inicialmente o objetivo era encontrar a matriz de talentos. Após uma análise exaustiva das competências do pessoal do projeto, pretendia-se ver o desempenho quando se considerava a experiência, o grau obtido e o nível universitário. A Tabela 4.1 - apresenta a descrição dos atributos.

QUADRO 4.1: Descrição dos atributos do conjunto de dados

Atributo	Descrição	Valores de atributos discretos
TC	Escalão universitário	público privado
ED	Educação	Licenciatura. Pós-graduação
DS	Competências de domínio	Fraco. Médio, Bom
PS	Competências de programação	Fraco. Médio, Bom
RS	Competências de raciocínio	Fraco. Médio, Bom
GPA	Percentil geral Agregado	Fraco. Médio, Bom
EX	Experiência	alto. baixo. médio
TE	Eficiência de tempo	não. sim
JS	Satisfação profissional	não. sim
GP	Proficiência geral	Fraco. Médio, Bom
Formação	formação na empresa	não. sim
CS	Competências de comunicação	Fraco. Médio, Bom
Idade	idade do trabalhador	alto. baixo. médio
Certificado	cursos de certificação efectuados	Fraco. Médio, Bom
aptidão	Aptidão	Fraco. Médio, Bom

Tws	competências de trabalho em equipa	Fraco. Médio, Bom
PO	Desempenho	Fraco. Médio, Bom

CT = nível universitário; ED = educação; GPA = percentil agregado geral, TE = tempo eficiente EX= experiência; DS = avaliação das competências de domínio; PS= competências de programação; CS = competências de comunicação; RS = competências de raciocínio; tws = competências de trabalho em equipa, PO= desempenho

O quadro é elaborado e descrito mais adiante.

O GPA - General Percentile Assessment (Avaliação do Percentil Geral) foi obtido a partir da base de dados pessoal do trabalhador. É classificado em três classes: bom (para >7,5), médio (para <7,5 e >6,5) e mau (para <6,5), de acordo com a opinião de peritos.

DS - Domain Skills (competências de domínio) foi recolhido após a formação e indica as competências de domínio do pessoal nessa plataforma específica.

PS - Competências de programação. Os valores deste atributo foram novamente retirados do departamento de formação. Foi ainda categorizado em classes discretas como bom, médio e mau, com base nas notas na escala de 10, tal como foi considerado o GPA.

GP - General Proficiency (Proficiência Geral) indica a classificação geral do trabalhador em vários domínios.

CS - Competências de comunicação, que foram classificadas, também estavam disponíveis em muitas empresas.

RS - Capacidade de raciocínio. Durante a seleção, a empresa efectua várias avaliações de colocação. Esta variável foi uma das avaliações, que é categorizada de forma semelhante à GPA.

TE - Eficiência temporal. Foi obtido a partir dos dados do projeto através dos chefes de projeto. Foi obtido sob a forma de SIM e NÃO.

Experiência - Este atributo foi novamente retirado da base de dados pessoal e indica a experiência profissional total. Inclui três categorias. São elas: elevada para mais de 5 anos, média para 2-5 anos e baixa para menos de 2 anos.

Formação académica (ED) - Este atributo está relacionado com a base de dados pessoal. Indica se o pessoal do projeto é licenciado ou pós-graduado.

Nível do estabelecimento de ensino superior - Esta variável indica o tipo de estabelecimento de ensino superior do qual o candidato saiu. Os estabelecimentos de ensino superior são classificados em três tipos. Em primeiro lugar, os colégios públicos, nos quais são geralmente admitidos os melhores alunos. Em segundo lugar, os colégios subsidiados. Para além destes, existem os colégios privados.

Certificados - Os trabalhadores fazem determinados cursos de certificação para melhorar os seus conhecimentos e obter experiência em projectos industriais. Se um empregado tiver feito 0 ou 1, foi classificado como mau. Se fez 2 ou 3 foi classificado como médio e se fez 4 ou mais foi classificado como bom.

Idade - A idade do trabalhador foi considerada baixa (menos de 30 anos), média (entre 30 e 40 anos) e alta (mais de 40 anos).

TWS - Competências de trabalho em equipa. O gestor de projeto também indicou se o candidato tem boas competências de trabalho em equipa, sendo consideradas boas e médias para os trabalhadores que demonstram competências médias de trabalho em equipa e más para os trabalhadores que demonstram conflitos na equipa.

Aptidão - Os resultados do teste de aptidão também foram considerados como outros factores de competência. O teste de aptidão era composto por três grupos: bom, médio e mau.

Classe de destino/saída - Desempenho. Esta é a classe de objectivos ou de resultados. O valor da variável de desempenho é obtido junto dos chefes de equipa do projeto em termos de bom, médio ou mau, que se baseia na qualidade do software desenvolvido.

Com base nos antecedentes e no trabalho relacionado, é selecionado um conjunto de treino com os atributos representados no conjunto de dados para testar a sua eficácia no desempenho dos trabalhadores.

O conjunto de dados de amostra é apresentado no quadro 4.2.

Quadro 4.2: Conjunto de dados de amostra

Sr.	TC	ED	ds	ps	rs	gpa	ex	TE	JS	GP	Formação	CS	idade	certificado	aptidão	Tws	PO
1	auxiliado	Pg	av	av	av	av	médico	não	não	av	Não	av	elevado.	av	bom	av	av
2	ajudado	Pg	bom	bom	av	av	médico	não	não	bom	Não	av	médico	av	bom	bom	av
3	governo	ug	av	av	pobre	av	médico	sim	sim	av	Sim	av	médico	pobre	av	av	bom
4	governo	ug	bom	av	av	av	médico	sim	sim	bom	Sim	av	médico	av	av	av	bom
5	privado	pg	bom	av	av	av	baixo	sim	sim	bom	Sim	av	baixo	av	av	av	bom
6	privado	pg	av	av	av	av	baixo	sim	não	av	Sim	av	baixo	av	av	av	av
7	privado	pg	av	av	av	av	baixo	sim	não	pobre	Sim	av	baixo	av	av	av	av

CT = nível universitário; ED = habilitações literárias; GPA = percentil geral agregado; TE = eficiência de tempo; EX = experiência; DS = avaliação de competências de domínio; PS = competências de programação; CS = competências de comunicação; RS = competências de raciocínio; tws = competências de trabalho em equipa; PO = desempenho; GP = proficiência geral; CS = competências de comunicação; RS = competências de raciocínio; JS = satisfação no trabalho; ED = habilitações literárias; P = desempenho.

A secção seguinte mostra os resultados obtidos por vários classificadores no conjunto de dados.

4.3 Resultados do kit de ferramentas Weka

O kit de ferramentas Weka oferece uma grande variedade de métodos de análise como ID3, J48, CART, Naive Bayes, etc.

A visualização dos atributos do conjunto de dados da ferramenta Weka é apresentada na figura 4.5. Bom é indicado a azul, médio a vermelho e mau a verde.

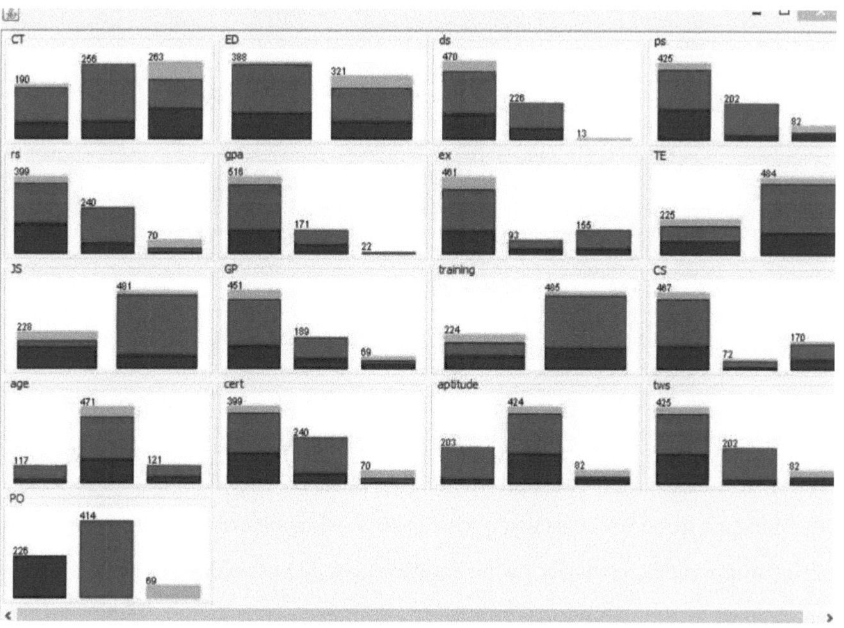

UG = Licenciatura, PG = Pós-graduação, GPA = Agregado de percentil geral; PS = Competências de programação; DKA = Avaliação do conhecimento do domínio; GP = proficiência geral; RS = Competências de raciocínio; TE = Eficiência temporal

Figura 4.1: Visualização dos atributos obtidos a partir da ferramenta Weka.

A visualização mostra claramente que o grau, o nível universitário e as competências têm um bom mapeamento de bom com bom e para a classe média e má. A experiência, a proficiência geral e as classificações académicas mostraram uma barra mista, o que infere que estes atributos não têm grande impacto.

Seguem-se os resultados das capturas de ecrã de vários classificadores.

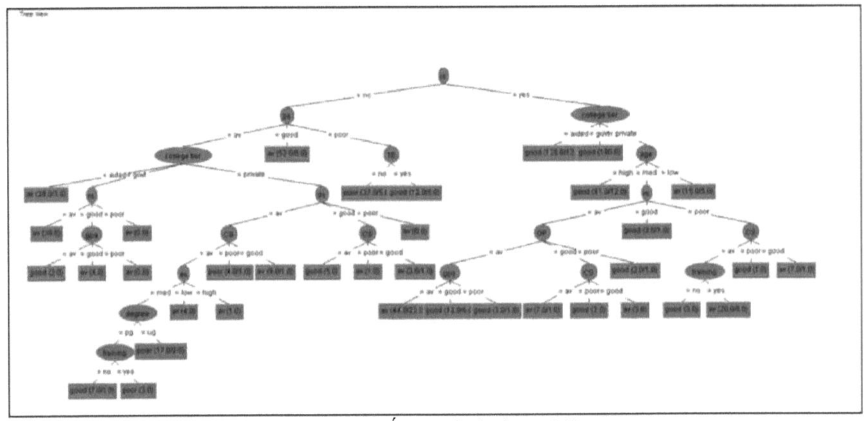

Figura 4.2: Árvore de decisão - J48

A árvore de decisão acima gerada pelo J48 é claramente compreensível. O nó raiz é a Satisfação no trabalho, seguido do nível universitário e das competências. A árvore também apresenta as ocorrências das classificações. Mais ocorrências denotam regras ou critérios importantes. Os atributos ou caraterísticas são assinalados por uma oval e as linhas indicam as condições ou os valores dos atributos com base nos quais a partição foi efectuada. O retângulo terminal mostra o resultado obtido.

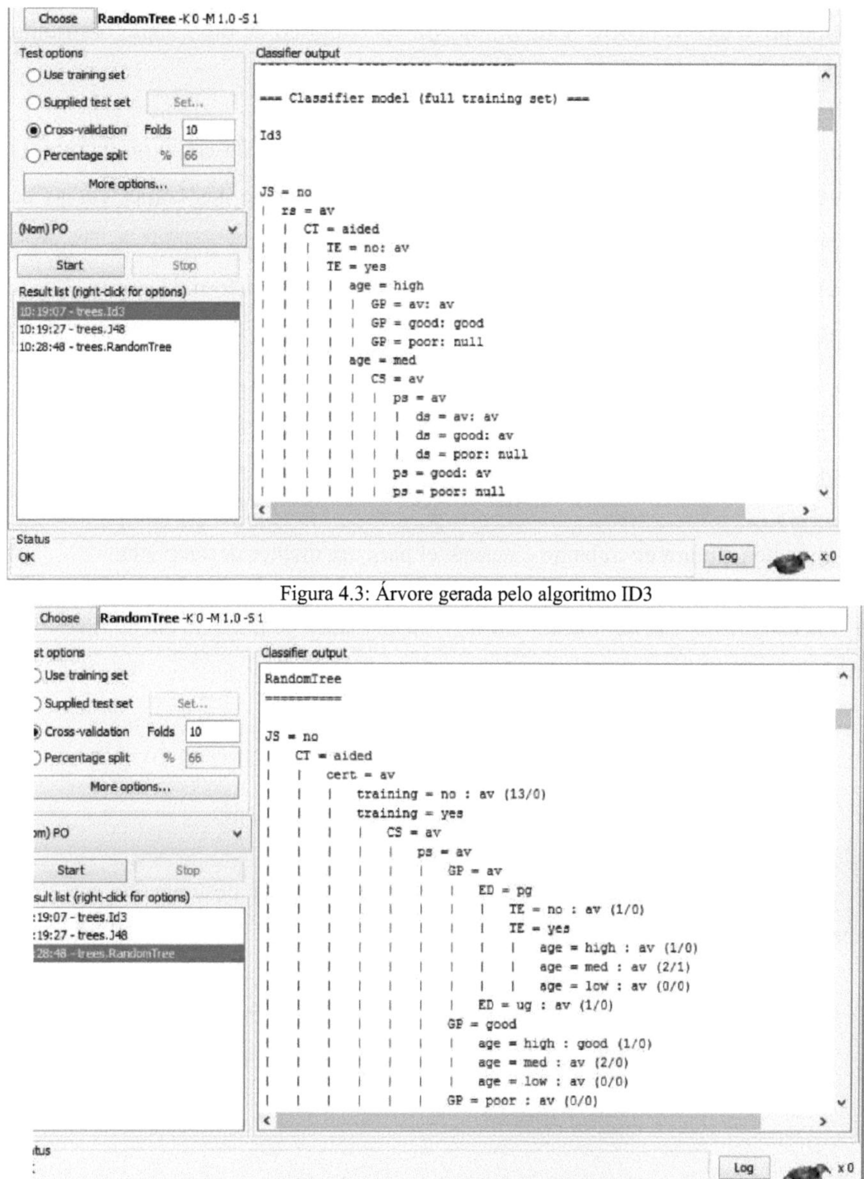

Figura 4.3: Árvore gerada pelo algoritmo ID3

Fig 4.4 -Captura de ecrã da árvore aleatória

A Figura 4.3 mostra a árvore obtida pela opção ID3 das árvores de decisão na ferramenta Weka e a Figura 4.4 é uma captura de ecrã do algoritmo de árvore aleatória executado no Weka Tool Kit. A figura mostra PS como nó de raiz, sendo o atributo mais importante seguido de RS.

A árvore apresenta novamente as competências de programação como nó de raiz. O nível seguinte da árvore é o das competências de domínio e das competências de raciocínio. A árvore, quando percorrida, conduz a regras de gestão. A árvore é facilmente compreensível e os padrões revelados podem ser transformados em políticas de gestão e de recursos humanos.

Foram analisados vários algoritmos de classificação no kit de ferramentas Weka e os resultados permitem inferir o seguinte.

- Uma boa cultura de trabalho é desejável para um melhor desempenho.
- Os candidatos que demonstraram boas capacidades de trabalho em equipa tiveram um melhor desempenho
- As competências revelaram-se atributos importantes.
- O nível da faculdade também tem impacto no desempenho.
- Os titulares de diplomas de licenciatura tiveram um bom desempenho em comparação com os de pós-graduação.
- Não há impacto significativo do desempenho académico, da eficiência temporal, da proficiência geral ou das competências de comunicação no desempenho.

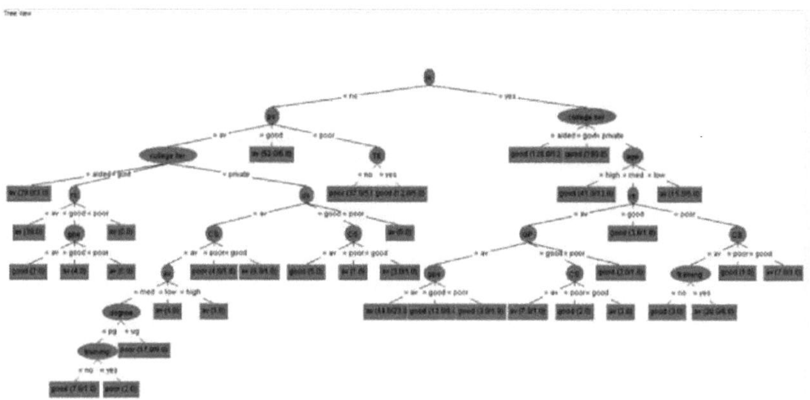

Fig 4.5- Árvore gerada por J48

A Fig. 4.5 é a árvore de decisão gerada pelo J48, que é uma estrutura muito clara, podada e compreensível para a extração de conhecimentos. A passagem pelas árvores fornece a base para as regras de gestão. Ambas as árvores também fornecem ocorrências. Os ramos com um elevado número de ocorrências são geralmente considerados como regras para as políticas de gestão. As regras derivadas das árvores são apresentadas no quadro 4.3

As regras geradas pelo classificador são representadas por um número de ocorrência que é, de facto, o número de instâncias do conjunto de dados associadas à regra ou padrão definido. Nem todas as regras da árvore têm uma frequência elevada. Também os ramos inferiores terão uma frequência baixa.

As 20 regras geradas com ocorrências e probabilidade são apresentadas na Tabela 4.3. A probabilidade é calculada com o número de ocorrências da regra dividido pelo número total no conjunto de dados.

Para a regra 1 derivada, o número de ocorrências é 12. O número total de tuplas no conjunto de dados é 740. Por conseguinte, a probabilidade foi calculada da seguinte forma

P representa a probabilidade. Seja NC a ocorrência e seja N o número total de dados.

Então P pode ser calculado como

P= NC/N

A tabela 4.3 seguinte mostra as regras derivadas ao percorrer a árvore, juntamente com as ocorrências, a probabilidade e também a descrição da regra.

Tabela 4.3: Regras com ocorrências, probabilidade e descrição

Regra não	ocorrênci a	probabilida de	descrição
1	12	0.02	js=não, formação=não, nível universitário=auxiliado, grau=pg, po=a v
2	12	0.02	js=não, formação=não, nível universitário=ajudado, grau=ug, po=pobre

3	28	0.04	js=no,tra i ng=no,college tier= govt,degree=ug ou pg,po=av
4	72	0.10	js=no,training=no,college tier= private,degree=ug ou pg,po=av
5	120	0.16	js=não,formação=sim,po=av
6	72	0.10	js=sim,college=aided,ex= med,degree=pg,po=good
7	4	0.01	js=yes,college=aided,ex= med,degree=ug,po=av
8	55	0.07	js=sim,college=a id ed,ex= high,d egree=ug ou pg,po=good
9	0	0.00	js=sim,college=ajudado,ex=baixo,grau=ug ou pg,po=bom
10	190	0.26	js=yes,college=govt,po=good
11	20	0.03	js=sim,faculdade=privada ,rs=av, formação=não, po=av
12	52	0.07	js=sim,faculdade=privada ,rs=av, formação=sim,ps = av ,po=bom
13	0	0.00	js=sim,col lege=privado ,rs=av, trai ni ng=y es, ps=bom, po=bom
14	27	0.04	js=yes,col lege=private ,rs=av, trai ni ng=y es, ps = poor ,po=av
15	12	0.02	js=sim, faculdade=privada ,rs=av, formação=sim, experiência = elevada ,po=boa
16	12	0.02	js=sim,faculdade=privada ,rs=av, formação=sim, experiência = baixa ,po=av
17	38	0.05	js=sim, faculdade=privada ,rs=bom, DS=av,po=bom
18	6	0.01	js=sim, faculdade=privada ,rs=bom, DS=bom, po=bom
19	5	0.01	js=sim,faculdade=privada ,rs=boa,formação-sim,DS=pobre,po=boa
20	1	0.00	js=sim,faculdade=privada ,rs=pobre,formação-sim,DS=pobre,po=av

A Tabela 4.3 apresenta as regras geradas pelo J48 na ferramenta Weka. As regras estão associadas a ocorrências e probabilidades. As regras com elevada probabilidade indicam que são altamente aplicáveis às estratégias de gestão. As regras de classificação geradas pelo classificador são compreensíveis e dão uma interpretação clara dos factores que contribuem para o desempenho.

As regras de classificação geradas pelo classificador são compreensíveis e dão uma interpretação clara dos factores que contribuem para o desempenho. O conhecimento preditivo derivado dá uma visão das decisões para a gestão. Os padrões derivados permitem prever os critérios de seleção e recrutamento para projectos semelhantes.

As regras geradas pelo classificador estão associadas a uma ocorrência que é, de facto, o número de instâncias associadas à regra definida. Com base nas ocorrências, a probabilidade pode ser calculada. Nem todas as regras apresentadas têm uma probabilidade ou frequência elevada. Além disso, os ramos inferiores terão uma frequência baixa.

Se a JS não for acompanhada de formação e a faculdade for privada, o desempenho será fraco

Se a resposta da JS for afirmativa, juntamente com o facto de o nível da faculdade ser público e a experiência ser elevada, ou seja, 5 anos ou mais, então o desempenho é bom

Se a resposta da JS for afirmativa e o nível da faculdade for privado, se a RS também for média com a formação efectuada e se a PS for média ou boa, então o desempenho é bom.

Se a resposta a JS for afirmativa, o nível da faculdade é ajudado e a experiência é elevada, o desempenho é bom

As regras são utilizadas pela gestão e pelos chefes de projeto para a tomada de decisões importantes. As regras são análises preditivas para projectos. Estas regras são derivadas computacionalmente. Baseiam-se em dados reais obtidos de várias empresas que trabalham com aplicações baseadas na Web. Fornecem informações à gestão sobre a seleção, o recrutamento e o desenvolvimento dos talentos humanos que trabalham nos projectos.

4.4 Resultado da discretização baseada na entropia

Além disso, para validar os resultados obtidos com as árvores de decisão, foi adoptada outra abordagem, ou seja, o método de discretização baseado na entropia.

A discretização baseada na entropia é um método matemático que classifica as variáveis com exatidão. Os resultados fornecem uma visão dos atributos significativos associados ao ser humano, permitindo assim a formulação de estratégias de gestão melhoradas para recrutar e empregar o pessoal certo para o projeto. Os resultados são apresentados na Tabela 4.4 e na Fig. 4.5.

Tabela 4.4: Índice de atributos ou hierarquia de atributos obtidos pela Weka

Atributo	ordenados por ganho de informação
JS	0.26759
Certificado	0.16874
RS	0.16874
Ps	0.15615
TWS	0.15615
Aptidão	0.15413
TC	0.12636
DS	0.09313
Formação	0.07041
EX	0.06196
ED	0.05879
GP	0.04359
TE	0.03157
Idade	0.03125
GPA	0.02851
CS	0.00698

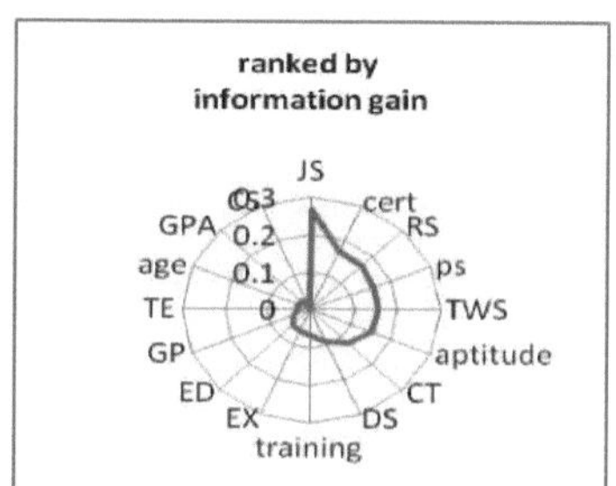

Figura 4.6: Visão diagramática da classificação por ganho de informação

O quadro 4.4 acima apresenta a importância dos atributos por ordem decrescente que constavam dos dados. Este resultado foi obtido utilizando a opção de seleção de atributos do conjunto de ferramentas Weka. Esta opção fornece a medida utilizando o ganho de informação e o rácio de ganho. Esta medida indica a importância do atributo por ordem hierárquica. No capítulo 3, a entropia foi utilizada na análise de dados e no pré-processamento para reduzir a dimensão dos dados, eliminando os atributos sem importância.

Todos os resultados assim obtidos foram apresentados aos chefes das equipas de projeto e aos gestores de recursos humanos. Os atributos tidos em consideração são posteriormente analisados da seguinte forma.

4.5 Análise e avaliação dos resultados obtidos

Vale a pena recordar que os métodos de classificação aplicados deram uma visão dos atributos. Revelaram atributos importantes que contribuem para um desempenho elevado. Após a aplicação, é necessário avaliar a exatidão dos vários métodos ou classificadores.
Foram utilizados numerosos classificadores, como mencionado acima. No entanto, a direção gostaria de saber qual a exatidão dos métodos utilizados (Sangita et al. 2015b).

Para comparar a exatidão de várias técnicas, são tidos em consideração alguns parâmetros como a precisão, a recordação, a medida F, a área ROC (Receiver operating Characteristic Area), o RMSE (root mean Square Error) e o MAE (mean Absolute Error). (Oded Maimon et al., 2005).

- Assim, parâmetros como a taxa de verdadeiros positivos (TP), que se prevê que seja positiva e é efetivamente positiva, ou a proporção de amostras classificadas como classe x e que têm efetivamente a classe x.

- Falsos positivos (FP), que se prevê que sejam positivos, mas que na realidade não o são, ou os tuplos que são classificados na classe x, mas que pertencem a uma classe diferente.

- Verdadeiro negativo (TN) que se prevê ser negativo e é efetivamente negativo

- Um falso negativo (FP) é um resultado que se prevê ser negativo mas que, na realidade, não o é.

A exatidão, a precisão e a recuperação são indicadas pelas equações 4.1, 4.2 e 4.3, respetivamente. No entanto, a validação cruzada exige que se decida sobre um número fixo de dobras ou partições de dados. Subsequentemente, os dados são divididos em partições iguais. A opção de validação cruzada 10 vezes é utilizada em todos os métodos de classificação.

Estes algoritmos de classificação produzem resultados que fornecem informações relacionadas com os dados e o modelo do classificador sob a forma de árvores e regras. As árvores e as regras fornecem informações sobre os atributos dominantes. No entanto, também é importante comparar vários algoritmos para a aplicação final dos conhecimentos. Os algoritmos fornecem, assim, informações sobre vários parâmetros do classificador, como a exatidão, a recuperação, o erro absoluto médio, a raiz do erro quadrático médio, a medida-f, etc. A exatidão é um dos parâmetros para determinar a exatidão de um classificador. Esta medida indica qual a percentagem do conjunto total

$$accuracy = (TN + TP)/(TN + FN + TP + FP) \text{-----------------(equ 4.1)}$$

de registos de teste que está a ser corretamente classificada.

- A precisão na classificação é designada por valor preditivo positivo. A precisão é a proporção dos exemplos que pertencem verdadeiramente à classe x ou o número de itens corretamente rotulados como pertencentes à classe positiva dividido pelo número total de elementos rotulados como pertencentes à classe positiva. Um classificador com precisão 1 é, idealmente, o classificador mais exato. A equação da precisão é indicada na equação 4.2.

- A recuperação é designada por sensibilidade, uma vez que fornece a taxa de

$$precision = TP/(TP + FP) \text{ --------------------------(equ 4.2)}$$

verdadeiros positivos. A recuperação é o número de verdadeiros positivos dividido pelo número total de elementos que pertencem efetivamente à classe

$$Recall = TP/(TP + FN) \text{ --------------------------(equ 4.3)}$$

positiva ou a soma de verdadeiros positivos e falsos negativos (FN), que são itens que não foram rotulados como pertencentes à classe positiva, mas que deveriam ter sido. A recuperação pode ser calculada através da equação 4.3.

Uma pontuação de precisão de 1,0 para uma classe significa que todos os itens rotulados como pertencentes à classe pertencem de facto a essa classe, mas não tem em conta o número de itens dessa classe específica que não foram rotulados corretamente. Uma recordação de 1,0 significa que todos os itensda classe foi rotulado como pertencente à classe, mas não tem em conta quantos outros itens foram incorretamente rotulados como pertencentes à classe. O erro absoluto médio (MAE) é a média da diferença entre o valor previsto e o valor real em todos os casos de teste ou é o erro de previsão médio. A fórmula para calcular o MAE é apresentada na inequação 4.4.

Onde $e_i = (a_i - p_i)$ que é a diferença entre o valor real e o valor previsto.

$MAE = 1/n \sum_{i=1}^{n} |e_i|$---(equ 4.4)

- O parâmetro final adotado para comparação é o erro quadrático médio relativo (RMSE), que é utilizado para mostrar. RMSE, como mencionado na equação 4.5. $RMSE = \sqrt{(1/n \sum_{i=1}^{n} e_i^2)}$ ---------------------------------(equ 4.5)

- A medida f do algoritmo de classificação dos dados é calculada como indicado na equação 4.6. $F - Measure = 2 * Precision * Recall / (Precision + Recall)$--------- -

Área ROC - A área da caraterística de funcionamento do recetor é útil para visualizar e comparar classificadores. Mostra o compromisso entre a taxa de verdadeiros positivos e a taxa de falsos positivos do classificador (Han et al., 2006). É uma medida da exatidão do modelo. Um modelo com ROC Área 1 será totalmente exato. A secção seguinte mostra os resultados obtidos com todos os parâmetros definidos

i Parâmetros do classificador								
Classificar	**Taxa TP**	**Taxa FP**	**Precisão**	**Recal l**	**F- Medida**	**Classe de área ROC**	**Erro médio absoluto**	**Raiz do erro quadrático médio**
id3	0.768	0.174	0.769	0.768	0.768	0.839	0.155	0.358
J48	0.804	0.141	0.807	0.804	0.805	0.910	0.165	0.304
árvore aleatória	0.743	0.200	0.743	0.743	0.743	0.830	0.167	0.369
carrinho simples	0.800	0.126	0.817	0.800	0.802	0.885	0.182	0.309
bayes ingénuo	0.708	0.163	0.743	0.708	0.719	0.837	0.224	0.392

Tabela 4.5: Medidas de exatidão dos classificadores

TP- verdadeiro positivo, ROC- caraterística do operador recetor, MAE- erro absoluto médio, RMSE- raiz do erro quadrático médio, taxa FP- taxa de falsos positivos.

A Tabela 4.5 apresenta todos os parâmetros de exatidão de todos os métodos de classificação utilizados no estudo.

Embora a maioria dos classificadores tenha dado resultados consistentes, o ID3 e a floresta aleatória deram resultados mais exactos em termos comparativos. O estudo infere sobre a exatidão do classificador e revela que o ID3 e a floresta aleatória provaram ser os classificadores mais exactos, com uma taxa de erro e de FP inferior. Embora haja uma diferença marginal na exatidão, todos os classificadores apresentaram resultados semelhantes. Por conseguinte, com resultados consistentes, a gestão pode escolher o método que é mais fácil de interpretar e seguir (Sangita Gupta et al., 2015b).

4.6 Resumo e discussões

O sucesso ou o fracasso de uma organização está diretamente relacionado com a forma como os seus recursos humanos são empregues e mantidos. As organizações guardam grandes quantidades de informação e dados sobre o pessoal do projeto. No entanto, esta informação é frequentemente deixada inativa e não utilizada ou, na melhor das hipóteses, analisada através de métodos estatísticos rudimentares. Na era atual, as novas tecnologias inteligentes criaram ferramentas para ajudar a transformar grandes volumes de dados em conhecimento e informação. A extração de dados é considerada uma solução para analisar estes dados. O presente trabalho leva esta abordagem mais longe, evitando métodos baseados em opiniões que são tradicionalmente utilizados na seleção de pessoal para novos projectos.

A utilização da tecnologia da informação na análise do desempenho e a utilização da ideia de conhecimento oculto na base de dados do desempenho atual do pessoal criam novas questões no processo de implantação. O principal objetivo deste estudo é sugerir critérios de seleção adequados para os trabalhadores através da utilização da prospeção de dados.

O objetivo deste trabalho foi pesquisar o desempenho dos trabalhadores na base de dados, utilizando métodos de extração de dados, a fim de descobrir padrões de eficiência e eficácia dos trabalhadores e converter esta informação em conhecimento útil para a organização. Após a descoberta destes padrões, as regras relacionadas com os factores que afectam o desempenho foram extraídas e fornecidas aos gestores. Isto ajudá-los-á a selecionar os melhores empregados.

Os atributos do pessoal e as actividades dos recursos humanos constituem, de longe, a maior fonte de oportunidades para melhorar a produtividade do desenvolvimento de software. (Thomas, G. et al., 2008). As organizações de software precisam dos melhores profissionais para manter a vantagem competitiva sobre

outras empresas. Este estudo proporcionou uma abordagem de extração de dados para a descoberta de conhecimentos sobre os factores que influenciam o desempenho.

Os resultados permitiram encontrar a causa principal dos lapsos de desempenho no sector do software. Ficou provado que é necessária uma boa metodologia computacional para uma investigação aprofundada.

O objetivo desta investigação foi pesquisar o desempenho dos trabalhadores na base de dados, utilizando métodos de extração de dados, a fim de descobrir padrões de eficiência e eficácia dos trabalhadores e converter esta informação em conhecimento útil para a organização. Após a descoberta destes padrões, as regras relacionadas com os factores que afectam o desempenho foram extraídas e fornecidas aos gestores. Isto ajudá-los-á a selecionar os melhores empregados.

O capítulo seguinte interpreta e retira conclusões dos resultados obtidos a partir dos métodos.

CAPÍTULO 5

Inferências para a melhoria do desempenho

5.1 Visão geral

O Project Management Institute (2004) define projeto como um esforço temporário, com início e fim definitivos, empreendido para criar um produto ou serviço único. Os projectos podem ser considerados como a realização de um objetivo específico e envolvem a utilização de recursos numa série de actividades ou tarefas. É nesta fase crucial que os riscos associados ao projeto são analisados e a abordagem específica de execução do projeto é definida. Em segundo lugar, também é importante ser bem sucedido no negócio. Os profissionais analisaram que um dos riscos mais graves são as pessoas incapazes (Fichter et al., 2003).

O principal objetivo de qualquer empresa de software é analisar todos os aspectos para uma gestão eficaz do projeto. O desenvolvimento de sistemas de software é um processo difícil, uma vez que os projectos de desenvolvimento de software são afectados por uma série de problemas, tais como uma má gestão do projeto, custos e atrasos, que se devem principalmente a programadores incapazes (Linberg KR, 1999). Para melhorar a qualidade do software, as organizações devem concentrar-se em duas componentes inter-relacionadas - pessoas e processos (Bate R., 1994). Com a constatação da necessidade de se concentrar no componente humano, a necessidade de encontrar uma boa metodologia para analisar o mesmo tornou-se uma das principais preocupações. Recentemente, tem-se verificado um interesse crescente na área da prospeção de dados, que permite descobrir conhecimentos corretos e de grande utilidade para a gestão. Esta abordagem baseia-se nos resultados obtidos através de métodos de extração de dados. Trata-se de um modelo experimental. As empresas que seguirem este modelo serão capazes de criar uma equipa de projeto capaz de atingir a qualidade de software desejada dentro dos limites de tempo e custo.

A engenharia de software sofreu uma enorme mudança de perspetiva devido aos desafios enfrentados pelos profissionais. Apesar da atenção dada ao processo de desenvolvimento de software, não é possível obter resultados de qualidade dentro dos custos e dos prazos. As empresas estão a aperceber-se de que um dos principais factores relacionados com o fracasso do desenvolvimento de software são os aspectos humanos. O aspeto humano necessita de uma investigação mais profunda. As pessoas certas para o trabalho certo são identificadas como um aspeto crucial para o sucesso do software. Muitos profissionais aperceberam-se e afirmaram que é necessário concentrar-se no aspeto humano da engenharia de software (Agarwal et al. 2006). Assim, era importante analisar os aspectos técnicos das componentes humanas envolvidas no projeto para identificar os critérios corretos de recrutamento e seleção. Além disso, é necessário ver como desenvolver e reter a reserva de talentos correta. As técnicas de extração de dados provaram ser uma técnica muito boa para a descoberta de conhecimentos. Para validar a árvore e as regras geradas, foram realizadas experiências utilizando dados de treino e, posteriormente, dados de teste reais recolhidos de algumas empresas que trabalham em projectos semelhantes. O modelo é utilizado para prever o desempenho do pessoal do projeto num novo projeto. Desta forma, as coisas ficam bem encaminhadas logo no início do projeto.

O objetivo deste estudo foi propor uma metodologia eficaz para encontrar os factores de competência necessários na indústria do software através de técnicas de extração de dados. É importante encontrar o candidato certo que apresente um excelente desempenho e melhore o processo de software para construir um sistema de sucesso. Isto, por sua vez, aumenta as taxas de rotação da empresa e proporciona uma vantagem competitiva em relação a outras empresas semelhantes existentes no mercado industrial.

5.2 Estudo de caso empírico

Foram visitadas várias empresas para estudar o impacto dos aspectos humanos no desenvolvimento de software. Por último, foram selecionadas cinco empresas para o estudo de casos que abrangiam os aspectos humanos de forma diferente. Com base nos padrões revelados pelas técnicas de extração de dados, era importante ver agora o impacto das conclusões no crescimento da empresa. As empresas são designadas por A, B, C, D e E para manter a confidencialidade dos dados.

- Empresa A- A empresa A é uma empresa CMMI de nível 5. Tem sete níveis de testes escritos e entrevistas para recrutar pessoal para o projeto. Todos os testes e a entrevista avaliam as competências da pessoa. Estes testes permitem avaliar a inteligência de uma pessoa, embora os resultados académicos possam ser baixos. Aceitam pessoas sem discriminação económica, social e de género. A empresa dispõe de uma zona de restauração muito elaborada. Tem também um centro de jogos de salão e um ginásio. Dispõe igualmente de um local para relaxar, como câmaras de repouso, para que os empregados possam trabalhar com total descontração. O salário pago aos seus empregados é o mais elevado de todas as empresas selecionadas para este estudo. Os empregados têm outras vantagens, como horários flexíveis e trabalho a partir de casa para trabalharem sem stress. Os trabalhadores classificaram a empresa como o melhor local para trabalhar em termos de salário, cultura, relações com a direção e instalações. Os membros do projeto discutem periodicamente entre si. A empresa tem 15 anos e mais de 37 000 trabalhadores. Todos os projectos são bem sucedidos. Os seus produtos, como motores de busca, serviço de correio eletrónico e mapas, são muito populares. Ultrapassou todos os produtos da empresa D, que era muito popular no mercado antes de a empresa A existir. A empresa A tornou-se instantaneamente muito popular devido à facilidade de utilização dos seus produtos pelas pessoas que utilizam a World Wide Web. (Sangita et al. 2016).

- Empresa B - A empresa pertence ao nível 4 do CMMI. Esta empresa recruta pessoal para o projeto apenas de faculdades governamentais da Índia ou talento latente da empresa A e de empresas semelhantes. Tem poucas pessoas com experiência e o máximo de caloiros. É uma empresa com 8 anos de existência. Tinha 600 empregados em 2014 e recrutou mais 400 empregados em 2015. A empresa dá mais importância ao escalão universitário. A empresa tem uma zona de restauração paga. Oferece horários flexíveis aos trabalhadores e um ambiente sem stress. A empresa tem uma boa tabela salarial.
  Os funcionários classificaram a empresa como um local de trabalho satisfatório em termos de remuneração, cultura e oportunidades de crescimento. O sítio Web tornou-se o melhor portal, deixando para trás outros sítios semelhantes. O portal é de fácil utilização e tornou-se muito popular a partir de 2014. A empresa introduziu inovações no seu sítio Web repetidamente. Continua a acrescentar funcionalidades muito melhores e o seu portal é muito fácil de utilizar. A direção da empresa afirmou que os funcionários das escolas públicas tiveram o melhor desempenho devido às competências que possuíam.
- Empresa C- É uma empresa CMMI de nível 5. Aceita candidatos de faculdades privadas e governamentais com base nos resultados académicos. Em seguida, dá formação intensiva aos candidatos antes de os colocar em projectos. O ambiente de trabalho é médio. O salário é satisfatório. Os empregados estão satisfeitos porque têm segurança no emprego devido às boas políticas de gestão. Embora a empresa não esteja a registar um grande crescimento do volume de negócios, continua a ser capaz de se manter no mercado. A direção considera que precisa de incorporar o modelo de investigação para impulsionar o crescimento da empresa.
- Empresa D- É uma empresa de nível 5 do CMMI. A empresa não está a recrutar jovens talentos. Conta com pessoas experientes de várias organizações governamentais e privadas. A empresa lançou vários produtos inovadores. No

entanto, a empresa A também trabalha no mesmo domínio e apresenta versões melhores. Esta empresa, nomeadamente a empresa D, não está a ter muito lucro. Muitos dos seus produtos estão encerrados. Embora a empresa disponha dos melhores processos e do melhor ambiente, devido às suas políticas em matéria de recursos humanos e outras políticas de gestão, parece não ser capaz de se manter no mercado global. Além disso, a direção não estava preparada para qualquer mudança ou inovação nas suas políticas.

- Empresa E - Trata-se de uma empresa CMMI de nível 4. A empresa aceita candidatos de instituições privadas e governamentais. Não dá formação. No entanto, organiza reuniões entre os membros da equipa que trabalham no mesmo projeto. A sua tabela salarial é baixa. Tem poucos projectos que geralmente ultrapassam os limites de tempo. A empresa tem baixas taxas de rotação. Nos últimos dois anos, a empresa não tem conseguido produzir produtos inovadores ou novos. Os trabalhadores classificaram a empresa como razoável em termos de satisfação no trabalho. A maioria dos trabalhadores da empresa são candidatos médios quando comparados com base nas competências noutras empresas.

O estudo comparativo de várias empresas validou os resultados da investigação. As observações relativas às políticas e à cultura da empresa no que respeita aos aspectos humanos reflectiram-se claramente na popularidade do seu produto e no crescimento da empresa. O estudo empírico mostrou claramente que os aspectos humanos são um dos aspectos mais importantes para o crescimento da empresa. A empresa que os negligenciou esteve à beira do encerramento.

As principais conclusões que podem ser tiradas com base nos resultados obtidos no capítulo 4 e no estudo empírico efectuado em 5 empresas são descritas mais adiante.

5.3 Inferências a partir dos resultados

Os resultados da extração de dados, tal como descritos no capítulo 4, foram apresentados aos chefes das equipas de projeto e aos gestores de recursos humanos. Os atributos tidos em consideração são analisados e inferidos da seguinte forma

Todos os resultados obtidos com os vários classificadores foram consistentes em termos de resultados obtidos e de exatidão. Por conseguinte, as inferências consolidadas de todos os resultados são as seguintes.

- Inferência 1 : Satisfação profissional

  A satisfação no trabalho e a cultura da empresa desempenharam um papel muito importante para o bom desempenho. As empresas que pagavam bem e proporcionavam um bom ambiente de trabalho conseguiam melhorar o desempenho dos seus trabalhadores com competências médias.

  Observou-se igualmente que os trabalhadores preferiam as empresas que dispunham de boas áreas de restauração e outras instalações, mesmo que o salário fosse ligeiramente inferior. Verificou-se igualmente que, na empresa D, que oferecia um salário inferior, os trabalhadores continuavam satisfeitos com o emprego, uma vez que a empresa não dispunha de grandes talentos e que estes candidatos estavam satisfeitos com a segurança do emprego e com um ambiente de trabalho sem stress. Verificou-se que os indivíduos altamente qualificados demonstraram insatisfação com os baixos salários, enquanto os indivíduos com qualificações médias demonstraram satisfação com os baixos salários.

- Inferência 2: Competências de raciocínio e de programação

  Verificou-se que os trabalhadores com boas competências tinham um desempenho muito bom. Segundo os gestores, esses candidatos desempenhavam um papel fundamental nas inovações e no melhoramento do produto. A empresa A selecionou os candidatos através da matriz de talentos definida por peritos. A empresa A envolve os membros do projeto, a gestão de topo e o departamento de recursos humanos durante a seleção. Por conseguinte, a empresa A é capaz de produzir software inovador e de qualidade e tem o melhor volume de negócios desde a sua criação.

- Inferência 3: Competências e experiência no domínio

  As competências no domínio e a experiência foram factores importantes; no entanto, foram classificadas depois de outras competências, como as competências de raciocínio e de programação, pelos métodos de extração de dados. Uma pessoa experiente terá, sem dúvida, conhecimentos especializados no domínio. Estes parâmetros eram necessários até um certo ponto. No entanto, na indústria do software e, em especial, no domínio baseado na Web, as competências de domínio surgiram depois do raciocínio e da programação. Foi surpreendente para a direção ver que os trabalhadores sem muita experiência tinham um bom desempenho. As empresas A e B, que contrataram candidatos capazes diretamente após a conclusão do curso, conseguiram obter um trabalho de qualidade.

- Inferência 4: Escalão universitário

  O grau académico também parece ser um atributo importante, tal como se depreende dos resultados da investigação. Além disso, ao efetuar um estudo empírico para validar os resultados, observou-se que os funcionários que se licenciaram em faculdades públicas da Índia apresentaram um melhor desempenho em todos os estudos de caso. No entanto, verificou-se que os candidatos com bons resultados académicos em faculdades privadas também tiveram um bom desempenho. A empresa B, que segue a estratégia de selecionar apenas candidatos de universidades públicas, consegue competir melhor. Isto deve-se ao facto de estes candidatos possuírem geralmente melhores competências para serem admitidos num estabelecimento de ensino público e de frequentarem a melhor formação industrial e outros seminários no âmbito do seu curso.

- Inferência 5: Formação

  As empresas que deram formação puderam melhorar o desempenho do trabalhador. No entanto, as empresas que não seleccionavam os candidatos com base em factores de competência ou provenientes de escolas públicas, apesar de ministrarem muita formação, não conseguiam obter um bom desempenho, tal como afirmado pelo gestor de projeto. Além disso, alguns dos gestores referiram que a formação desses candidatos acaba por não ser rentável, uma vez que também não apresentam um desempenho médio. Por conseguinte, a formação parece ser subjectiva em relação ao nível e às competências da faculdade.

Por conseguinte, as principais inferências podem ser retiradas com base nos resultados da investigação e, posteriormente, validando-os num estudo empírico efectuado em 5 empresas.

Assim, esta investigação utilizou técnicas de extração de dados para encontrar as informações significativas relacionadas com o aspeto humano da engenharia de software, a fim de desenvolver produtos de software qualitativos a partir do seu pessoal de projeto. A empresa deve recrutar candidatos com um conjunto de competências específicas e proporcionar uma boa cultura de trabalho para o seu desenvolvimento. Além disso, os candidatos provenientes de instituições governamentais tiveram um bom desempenho e verificou-se uma forte correlação entre o nível universitário e as competências.

A formação dos candidatos em matéria de competências e de satisfação profissional foi frutuosa. Nestes casos, a formação pode melhorar o desempenho. A formação proporciona conhecimentos especializados no domínio aos candidatos qualificados. No entanto, os dados recolhidos junto de empresas que se dedicam ao desenvolvimento de aplicações baseadas na Web não dão grande importância à experiência e aos resultados académicos. A principal causa da perda de desempenho é a falta de competências e a falta de satisfação no trabalho.

A base de dados e as informações sobre o pessoal da indústria de software de Bangalore foram estudadas e analisadas como um estudo de caso para identificar os factores que afectam o desempenho profissional. Métodos computacionais e adequados, ou seja, métodos de extração de dados, que são também uma técnica de baixo custo, forneceram informações valiosas à organização.

5.4 Limitações do estudo

São muitos os factores que influenciam o desempenho do pessoal do projeto, incluindo atributos técnicos e não técnicos e factores sociais e económicos (Madni et al., 2005). No entanto, é difícil tomar em consideração todos os atributos. Este estudo teve em consideração alguns atributos técnicos.

Em segundo lugar, o estudo limita-se ao pessoal do projeto que trabalha em aplicações baseadas na Web. Para além destes sistemas, existem sistemas antigos, sistemas de bases de dados, sistemas ERP, programação de sistemas, etc., que podem ter uma abordagem semelhante. Os diferentes domínios da indústria do software requerem competências diferentes. No entanto, a mesma metodologia pode ser alargada a qualquer indústria de software ou, de facto, a qualquer outra indústria com os antecedentes e dados relevantes.

Em terceiro lugar, o estudo pode ser alargado a outras técnicas de extração de dados, uma vez que este estudo se concentrou em técnicas de classificação populares. Em quarto lugar, o estudo foi efectuado com dados de empresas de software de Bangalore, na Índia.

5.5 Resumo

Tradicionalmente, têm sido dedicados mais esforços aos aspectos técnicos e processuais da qualidade e produtividade do software. No entanto, sendo o desenvolvimento de software uma atividade tão intensiva em mão de obra e tão dependente do desempenho dos profissionais, é estranho que os factores humanos que afectam o desenvolvimento não tenham merecido a devida atenção. O objetivo deste estudo é analisar os contributos nesta área, bem como fornecer dados empíricos de um domínio específico da indústria de software, para obter uma imagem real da situação nas organizações de software

As empresas de software estão a aperceber-se da necessidade de mudar a atenção para o aspeto humano, uma vez que dependem da mente humana para produzir sistemas inovadores que lhes permitam ter uma vantagem competitiva sobre outras empresas. O fator principal do aspeto humano é a afetação do pessoal adequado ao projeto. Diferentes empresas seguem diferentes estratégias para obter um bom conjunto de talentos. A abordagem de extração de dados revelou com precisão os factores necessários ao pessoal do projeto e às empresas para melhorar a qualidade do software desenvolvido. Com a ajuda destes algoritmos, as empresas podem efetuar uma análise paramétrica do desempenho. É extremamente importante que essas empresas compreendam as lacunas de desempenho, implementem um quadro para a análise das causas profundas dessas lacunas de desempenho e adoptem estratégias para colmatar essas necessidades. No futuro, este estudo ajudará as empresas de software a contratar e a desenvolver o pessoal de projeto adequado para obter um melhor volume de negócios.

O trabalho futuro deste estudo pode ser a investigação de outros domínios da indústria de software para além das aplicações baseadas na Web. Para além das árvores de decisão, podem ser consideradas outras técnicas de extração de dados, como os algoritmos genéticos, as redes neuronais e a agregação, para efeitos de comparação de técnicas. Esta abordagem também pode ser alargada a outros sectores para análise da rentabilidade e da produtividade.

Referências:

Sommerville.I. (2010). Engenharia de Software, 9ª Edição, Pearson.

Boehm, B. (1981). Software Engineering Economics, Prentice Hall, Englewood Cliffs, New Jersey

Lock, Dennis. (2007). Gestão de Projectos (9ª Edição), Aldershot, Gower.

Schwalbe, Kathy (2007) IT Project Management (5ª edição) , Londres.

Hughes Bob (2004), Project Management for IT-related projects, Londres, The British Computer society.

Hughes Bob, (2002). Practical Software Measurements, Londres, Mc-graw hill.

Boehm Barry W. (1989). Software Risk management, IEEE, Computer Society press

Arnold, John, Cary Cooper, Ivan Robertson, (2004). Psicologia do Trabalho: Understanding Human Behavior in the Work place (4ª edição) , Londres, FT prentice Hall.

B. Boehm, (2007). "Fifth Workshop on Software Quality", em Software Engineering - Companion, ICSE 2007 Companion. 29ª Conferência Internacional, pp. 131-132.

Boehm, B., J. Lane, S. Koolmanojwong, e R. Turner, (2014). O modelo em espiral de compromisso incremental: Principles and Practices for Successful Systems and Software, Addison Wesley Pearson, NY.

Frederick P. Brooks, Jr. (2004). "The Mythical Man-Month", Pearson Education, Inc. A Guide to the Project Management Body of Knowledge", 3ª Edição, Project Management Institute, Pennsylvania.

F. Provost e T. Fawcett, (2001). "Robust Classification for Imprecise Environments", Machine Learning, vol. 42(3), pp 203 -231.

Liao, S. H., (2003). "Knowledge management technologies and applications- literature review from 1995 to 2002", Expert Systems with applications, Vol 25, pp 155-164.

Han J. , Kamber M., (2006). Data Mining: Concepts and Techniques, 2nd Edition, The Morgan Kaufmann Series in Data Management Systems, Gray, J. Series Editor, Morgan Kaufmann Publishers.

E.W.T. Ngai, Li Xiu , D.C.K. Chau, (2009). "Aplicação de técnicas de extração de dados na gestão da relação com os clientes: A literature review and classification", Expert Systems with Applications, pp 2592- 2602.

Anand M.K. e V. Varma, (2008). "Issues Challenges and Opportunities for Research in Software Engineering", Relatório Técnico, Instituto Internacional de Tecnologia da Informação (IIFT), Hyderabad, Índia, (disponível em linha em http://www.iiit.net/techreports/2008_60.pdf).

Brooks, F.P. Jr, (1987). "No Silver Bullet: Essência e Acidentes da Engenharia de Software". IEEE Computer 20(4) ,pp 10-19.

Brooks, F.P. (1995). O Homem Mítico da Matemática: Essays on Software Engineering, 2ª ed., Addison - Wesley Professional, EUA.

Cockburn, A. (2003). People and Methodologies in Software Development, (Tese de Doutoramento), Faculdade de Matemática e Ciências Naturais, Universidade de Oslo.

Hughes, B. e M. Cotterell (2006). Software Project Management, Tata McGraw Hill, Nova Deli, Índia.

Jalote, P. (2002). Software Project Management in Practice, Pearson Education, Inc., Boten, MA, EUA.

Pressman, R.S. (2005). Software Engineering: A Practitioner's Approach, Sixth Edition, McGraw Hill International, New York.

Project Management Institute (2004). A Guide to the Project Management Body of Knowledge (PMBOK), 3ª ed., PMI, EUA.

Paulk M.C., Weber C.V., Curtis B., Chrissis M.B. (1995). "The capability maturity Model for Software: Guidelines for Improving the Software process", reading MA, Addison-Wesley.

Curtis B., (agosto de 1990). "Gerenciando a verdadeira alavancagem na produtividade e qualidade do software". American Programmer 4,pp: 4-14.

Humphrey W.S. (1995) . "Why Should You Use a Personal Software Process." ACM SIGSOFT Notas de Engenharia de Software, 20, 3: 33-36

Humphrey W S. (2006). "TSP: Leading a Development Team". Upper Saddle River N.Y: Pearson Education, Inc., pp 84-85 e pp 251-275

Lipke, W.H. & Butler, K.L. (novembro de 1992). "Melhoria do processo de software: Uma história de sucesso".
Crosstalk: O Jornal de Engenharia de Software de Defesa, Vol 38: pp29-31

Wohlwend, H. & Rosenbaum, S. (1993). "Software Improvements in an International Company", pp: 212-220. Actas da 15ª Conferência Internacional sobre Engenharia de Software. Los Alamitos, CA: IEEE Computer Society Press.

A.V. Krishna Prasad, S. Rama Krishna, (2010). "Data Mining for Secure Software Engineering -Source Code Management Tool Case Study", International Journal of Engineering Science and Technology, Vol. 2 (7), pp 2667-2677

S.Ramaswamy, S. Mahajan e A.Silberschatz. (1998). Sobre a descoberta de padrões interessantes em regras de associação". Em Proc. Int. Conf. of very Large Data Bases (VLDB'98), pp 368-379, NY.

Ajay Prakash , Ashoka , Manjunath Aradhya, (2012). "Aplicação de técnicas de extração de dados para a reutilização de software", Procedia Technology, (4), pp. 384 - 389.

Gaurav Singh Thakur, Anubhav Gupta e Sangita Gupta, (2015a). "Data Mining for Prediction of Human Performance Capability in the Software Industry", International Journal of Data Mining & Knowledge Management Process (IJDKP) Vol.5, No.2, pp 54-62.

Sangita Gupta, Suma V, (2015b). "Application and Assessment of Classification Techniques on Programmers' Performance in Software Industry", International Journal of Software, 10(9), pp 10961103.

Sangita Gupta, Suma V(2015c), "Data Mining: Uma Ferramenta para a Descoberta de Conhecimento no Aspeto Humano da Engenharia de Software" No processo IEEE Xplore ,IEEE Sponsored 2nd International Conference on Electronics and Communication Systems (ICECS 2015). pp 1289-1293.

Fu, Y. , (2004). "Data mining: tasks, techniques and applications", IEEE Potentials, 16(4), pp 18-20.

Quinlan, J. R. , (1986). Indução de árvores de decisão. Machine Learning, Vol 1(1), pp 81-106.

Witten I. e Frank E., (2005). "Data Mining: Practical Machine Learning Tools And Techniques", Morgan Kaufmann, São Francisco, 2.ª edição.

Charette R. N., (2005). "Why Software Fails", IEEE Spectrum.

Gregor Doughlas, (1960). "The human side of Enterprise", Nova Iorque, Mc Graw Hill Book Company.

Rose, K. (2005). "Project Quality Management: Why, What and How", J. Ross Publishing, Florida.

Fichter, Darlene, (2003). Porque é que os projectos Web falham [Revista online] Online, Volume 27, Edição 4, página 43

Sharp, H., Robinson, H., (2005). "Alguns factores sociais da engenharia de software: o maverick, a comunidade e as práticas técnicas", 2005, pp. 1-6. ACM Press, Nova Iorque

McDermid J.A., Bennett K.H.: (1999). "Software Engineering Research: A Critical Appraisal". IEEE Proceedings On Software Engineering 146(4), 179-186

Tamara Sumner. (1995). "The high-tech tool belt: a study of designers in the workplace", Actas da conferência SIGCHI sobre factores humanos em sistemas de computação, pp.178-185, 7-11 de maio, Denver, Colorado, Estados Unidos

Amit Mishra , Sanjay Misra, (2010). "People management in software industry: the key to success", ACM SIGSOFT Software Engineering Notes, v.35 n.6, novembro.

Basili, V.R. & Hutchens, D.H. (1983). "Um estudo empírico de uma família de complexidade sintáctica". IEEE Transactions on Software Engineering, 9(6), 6: 664-672.

Bate R., (1994). " A Systems Engineering Capability Maturity Model, Version 1.0", (CMU/SEI-94-HB- 4, ADA293345).Pittsburgh, PA: Instituto de Engenharia de Software, Universidade Carnegie Mellon,

Billings C., Clifton, J., Kolkhorst, B.; Lee, E.; & Wingert,W.B. (1994) . "Journey to a Mature Software Process". IBM Systems Journal 33, 1: pp46-61.

T. Robertson e M. Smith, (2001). "Personnel selection," Journal of Occupation Organization Psychology, vol. 74, no. 4, pp. 441-472,

DeMarco, Tom, e Timothy Lister, (1999). "Peopleware: Productive Projects and Teams", Nova Iorque: Dorset House.

Daniel, T., & Larose, J. (2005). Descobrir conhecimento nos dados: An introduction to data mining. Wiley Interscience.

Daniel, T., & J. Larose. (2006). Data mining methods and models. The Hoboken, New Jersey: Wiley & Sons Publishing Inc.

Hand, D., Mannila, H., & Smyth, P. (2001). Principles of data mining. Cambridge: The MIT Press.

Quinlan, J.R. C4.5: (1993). Programas para aprendizagem de máquinas. Morgan Kaufman.

Curtis, B., Hefley, W.E., Miller, S.A.: (abril de 2003). Experiências de Aplicação da Capacidade das Pessoas Modelo de maturidade. CROSSTALK The Journal of Defense Software Engineering, 9-13.

S. Chang, & Leu, S.S., (2006). "Data mining model for identifying project profitability variables," International Journal of Project Management, vol. 24, pp. 199-206.

Earl Gose, Richard Johnsonbaugh e Steve Jost. (1996). Reconhecimento de padrões e análise de imagens. Prentice Hall PTR.

Thomas, G. & Fernandez, W. (2008). Sucesso em projectos de TI: Uma questão de definição, International

Journal of Project Management, Vol. 26, pp. 733-742.

Kerzner, H. (2010). "Project Management Best Practices": 2ª edição, Achieving Global Excellence, Nova Iorque.

Agarwal, N. & Rathod, U. (2006). "Defining success for software projects: An exploratory revelation", International Journal of Project Management, Vol. 24, pp. 358-370.

Allen, M.W., Armstrong, D.J., Reid, M.F., Riemenschneider, C.K. (2009). "Retenção de funcionários de TI: Employee Expectations and Workplace Environments", SIGMIS-CPR'09 , maio de 2009, Limerick, Irlanda

SEER para Software, <http://www.galorath.com>

Belout, A. & Gauvreau, C. (2004). "Factors influencing project success: the impact of human resource management", International Journal of Project Management, Vol. 22, pp. 1-11.

Linberg KR, (1999). "Software developer perceptions about software project failure: a case study", The Journal of Systems and Software, pp.177-192.

Rosina Weber, Michael Waller, June M. Verner, William M. Evanco, (2003). "Predicting Software Development Project Outcomes", ICCBR, pp 595-609.

King, M.A., Elder, J.F., IV, (1998). "Evaluation of fourteen desktop data mining tools", IEEE International Conference on Systems, Man, and Cybernetics, Volume 3, pp 27-35.

S. Chang, & Leu, S.S., (2006). "Data mining model for identifying project profitability variables," International Journal of Project Management, vol. 24, pp. 199-206.

Um relatório de investigação da TP Track (2005). "Gestão de Talentos: A State of the Art", Tower Perrin HR Services.

DeMarco, Tom e Timothy Lister, (2003). Waltzing with Bears: Managing Risks on Software Projects, Nova Iorque, Dorset House

Mahani Saron, Zulaiha Ali Othman, (setembro de 2012). "Modelo de talento académico baseado no Data Mart de recursos humanos". Jornal Internacional de Pesquisa em Ciência da Computação, 2 (5): pp. 29-35, doi:10.7815/ijorcs.25.2012.045

Gabriela Czibula, Zsuzsanna Marian, Istvan Gergely Czibula, (abril de 2014). "Previsão de defeitos de software usando mineração de regras de associação relacional", Ciências da Informação, Volume 264 pp. 260 -278.

M. W. Godfrey, A. E. Hassan, J. Herbsleb, G. C. Murphy,M. Robillard, P. Devanbu, A. Mockus, D. E. Perry, D. Notkin. (2009). "Futuro da exploração de arquivos de software: A roundtable", IEEE Software, 26(1):67- 70.

Ngai, E.W.T., Xiu, L. & Chau, D.C.K. (2009). "Application of data mining techniques in customer relationship management: A literature review and classification",Expert Systems with Applications, vol. 36, no. 2, Part 2, pp. 2592-2602.

Dwyer, Rocky J. (2009). "Prepare for the impact of the multi-generational workforce!, Transforming Government People, Process and Policy", Volume 3, Número 2, pp 101-110.

Shiue, Y. R., & Su, C. T. (2003). "An enhanced knowledge representation for decision tree based learning adaptive scheduling" [Uma representação de conhecimentos melhorada para a programação adaptativa da aprendizagem baseada em árvores de decisão]. International Journal of Computer Integrated Manufacturing, 16(1), pp 48-60

Y. Feng, (2006). "Descoberta de conhecimentos na medicina tradicional chinesa: State of the art and perspectives", Artificial Intelligence in Medicine, vol. 38, pp. 219-236.

E. Frank, Hall, (2004). "Data mining in bioinformatics using Weka," Bioinformatics Application Note, vol. 20, pp. 2479-2481.

C. Combes, Meskens, N., Rivat,, C. & Vandamme J.P., (2008). "Using a KDD process to forecast the duration of surgery", International Journal of Production Economics, vol. 112, pp.279-293.

Stephen H. Kan: (2003). Metrics and Models in Software Quality Engineering, editora Addison-Wesley, Edição 2, Boston, MA.

Sociedade para a Qualidade (ASQ) (março de 2011). Volume 13, Número 2, pp 14-26.

N. E. Fenton, M. Neil, e D. Marquez, (2008). "Using Bayesian Networks to Predict Software Defects and Reliability", Proc. Institution of Mechanical Engineers, Part O, Journal of Risk and Reliability.

Reiter, Ashley. (1995). Escrever um trabalho de investigação em matemática web.mit.edu/jrickert/www/mathadvice.html

Hogg, R.V., e Tanis, E.A. (1983). Probability and Statistical Inference. Macmillian Publishing Co., Inc., 2ª Edição.

Mohanty RP, Deshmukh SG. (1997). Evolução de um sistema de apoio à decisão para o planeamento humano numa empresa petrolífera. Int J Prod Econ 51(3), pg 251-261.

Campbell, J.P. (1990). Modelando o problema de previsão de desempenho em psicologia industrial e organizacional. Em M.D. Dunnette & L.M. Hough (Eds.), Handbook of industrial and organizational psychology (pp. 687-731). Palo Alto, CA: Consulting Psychologists Press.

Cooper, D., & Robertson, I.T. (2002). Recrutamento e seleção: A framework for success. Londres: Thompson.

Townsend, Robert. (2007). Up the Organization. São Francisco, CA: Jossey-Bass.

Kass, G. V. (1980). Uma técnica exploratória para investigar grandes quantidades de dados categóricos. Applied Statistics, 29(2), 119-127.

S. Chang, & Leu, S.S., (2006). "Data mining model for identifying project profitability variables, "International Journal of Project Management, vol. 24, pp. 199-206.

Oded Maimon, Lior Rokach, (2005). "The Data Mining and Knowledge Discovery Handbook", publicação da Springer.

B Hunt,, J. martin e P. T. Stone, (2001). "Experiments in Induction", Academic Press.

R Kohavi,(2008)". A study of cross validation and bootstrapping for accuracy estimation and model selection.", Proc of 14th Joint Int. Conf. Artificial Intelligence,Vol 2, pg 1137-1143.

Stephen H. Kan: (2003). Metrics and Models in Software Quality Engineering, editora Addison-Wesley, Edição 2, Boston, MA, EUA

Glossário padrão IEEE de terminologia de engenharia de software, IEEE Std 610.12-1990. Instituto de Engenheiros Eléctricos e Electrónicos, Nova Iorque, EUA

C. V. Ramamoorthy, A. Prakash, W. T. Tsai, e Y. Usuda, (Out 1984). "Software engineering: problems and perspectives", IEEE Computer Society, pp. 191-209.

Neilsen, J. &Levy, J. (1994). "Measuring usability: Preference vs. Performance", ACM Communications, vol. 37, no. 4, pp. 66-75.

Sangita Gupta , Suma V . Uma Kamakshi,(2016). "Discretização baseada em entropia para análise de desempenho do pessoal do projeto: Estratégia para melhorar a qualidade do software", Int. J. Produtividade e Gestão da Qualidade, Publicações Inderscience, Vol. 21, No. 4, 2017,pp 411-428,

Declaração: Este manuscrito baseia-se no trabalho de investigação realizado pela Dra. Sangita Gupta enquanto estudante da Universidade de Jain, Bangalore, sob a orientação da Dra. Suma, Reitora, Dayananda Sagar Institutions, Bangalore, Índia. Sangita Gupta obteve o grau de doutoramento pela sua tese intitulada "Effective Software Project Management using Bayesian classification".

Printed by Books on Demand GmbH, Norderstedt / Germany